情感盲区
弥补我们缺失的爱

周丽瑷 著

BLIND AREA
OF LOVE

中国水利水电出版社
www.waterpub.com.cn
·北京·

内 容 提 要

很多时候,我们期待从自身以外的世界获得幸福感和满足感,以弥补我们缺失的爱。其实,不必怀着被爱的期待去寻寻觅觅,因为每个人的生命里都蕴含着能让自己幸福的力量。只要走进内心深处和自己相遇,真实地接纳自我,就能弥补长久以来缺失的爱。

图书在版编目(CIP)数据

情感盲区:弥补我们缺失的爱 / 周丽瑗著. -- 北京:中国水利水电出版社,2020.12
 ISBN 978-7-5170-9248-3

Ⅰ.①情… Ⅱ.①周… Ⅲ.①情感-通俗读物 Ⅳ.①B842.6-49

中国版本图书馆CIP数据核字(2020)第253625号

书 名	情感盲区:弥补我们缺失的爱 QINGGAN MANGQU: MIBU WOMEN QUESHI DE AI
作 者	周丽瑗 著
出版发行	中国水利水电出版社 (北京市海淀区玉渊潭南路1号D座 100038) 网址:www.waterpub.com.cn E-mail:sales@waterpub.com.cn 电话:(010)68367658(营销中心)
经 售	北京科水图书销售中心(零售) 电话:(010)88383994、63202643、68545874 全国各地新华书店和相关出版物销售网点
排 版	北京水利万物传媒有限公司
印 刷	天津旭非印刷有限公司
规 格	146mm×210mm 32开本 8.5印张 120千字
版 次	2020年12月第1版 2020年12月第1次印刷
定 价	42.80元

凡购买我社图书,如有缺页、倒页、脱页的,本社发行部负责调换
版权所有·侵权必究

序言

真正的幸福，是遇见自己

我们从小就被这样的爱情理念影响——寻找灵魂伴侣。无论是家庭还是社会都在强调这点，仿佛所有的人都在告诉我们："在没有找到你的真命天子之前，你注定是孤独的、不完整的，只有找到灵魂伴侣，你才能获得自由和爱。"总而言之，如果我们找不到灵魂伴侣，我们的人生就是失败的。因此，我们为了获得幸福，唯一的方法就是去寻找。

我们该怎么办呢？在这样的教化下，我们虽然一头雾水，但仍然各自行动，接着不断地陷入绝境。我们花费大量的时间去寻找，越找越找不到，越找不到越焦虑。无论开始多么符合我们预期的人出现，最后都会让我们失望。在一遍遍的打击下，我们也失去了信心。随着年龄的增长，事业的提升，可选择的余地却似乎越来越少。只是经历过那么多人,自己苦苦撑了那么多年,不就是为了让自己找到那个对的人,从而让自己的人生圆满吗?如果随随便便找一个人,岂不是太对不起自己,对不起自己那些苦痛的曾经?那问题到底出在了哪里呢?

我真不忍心告诉你,"寻找灵魂伴侣"这句话,根本就是一个伪命题。

我们总是试图从另一个人那里获得幸福,是因为我们自己的内心缺乏平静和快乐,所以我们需要从别人那里获得改善和补充。一旦我们遇到了那个看上去对的人,大踏步地进入恋爱中,我们便会不自主地渴望完整。

于是为了得到这样一个人,我们用尽浑身的力气来表现出自己最完美的那一面,我们以渴望自己成为对方"最理想的另一半"存在着,潜意识里却否定自己真实的存在。其实,对方或许也是这样想的。

在岁月的磨砺下,理想的伪装渐渐被撕破,我们靠得如此之近,暴露的岂止是彼此的身体,还有我们脆弱的内心。这么近的亲密关系,把我们之前对自己的美好伪装一个个揭穿。在彼此面前,我们的本来面目被暴露得无处遁形。于是,我们对对方失望,为自己的美梦破灭痛心,对真实的自己无比愤怒。因为我们根本没有勇气,去接受那个到处都是缺点的自己。

可见,如果我们带着伴侣可以让我们快乐、让我们生命圆满的期望进入婚姻,那这样的期望带来的结果一定是悲剧。童话里,王子和公主幸福地生活在一起,每一个美好的故事到这里都戛然而止。如果两个人都带着充满梦幻的期待进入婚姻,并执着地把这种梦幻的想法贯穿始终,最后的结局大多是分道扬镳。因为我们在恋爱和婚姻中暴露出的问题,最终都是我们自己的问题,这是个残酷的现实。也就是说,无论我们和谁恋爱、结婚,最终都会和自己相遇。

我们这么希望通过另一半来圆满我们的人生,本质是对幸福的期待。但我想告诉你,并非只有找到另一半才能幸福。我们获得幸福的途径,完全取决于我们自己。也就是说,请将一直向外苦苦寻找幸福的目光收回到自己的世界里。一旦我们将所有的目光转到自己身上,再经过努力,就会获得真正的圆满和幸福。那时,我们就不会再向外寻求。所以,每一个鲜活的生命里都蕴含着让自己圆满的密码,而我们只需要主动去获取。

现在我们需要的只是勇气——直面自己的勇气,让自己变得更好的勇气。如果我们看不见自己的脆弱和问题，就只会将经过我们生命中的每一个人不断地赶走，再充满期待地迎接下一个人。殊不知，对一段亲密关系的否定，本质上是在否定自己。

让我们一起来看看真实的自己吧！根本没有我们大脑中想象的那么好，对不对？比如，我们总是指责爱人很抠门，在两人关系上精打细算，其实是因为我们根本无法面对自己本来就是个对物质极其在意的人。这就是本来面目，我们会如何面对这样真实的自己呢？我们痛恨这样现实的自己，让我们羞耻和愤怒，让我们不敢接受。但我们必须要面对，这样去看见自己，是我们人生成长的机会。

大多数关系的破裂就是因为我们不能接受这个人生的真相——我们本能地不愿意去承认所有的问题都是自己的。于是我们就只能换伴侣，不断地在新的亲密关系中表演完美的自己，好让自己暂时麻痹，陶醉于那不真实的幻象中。直到有一天，无论是在恋爱还是婚姻关系中，等我们真正明白，一切指责对方的问题，其实最终都指向我们真实的自己时，不妨问问自己：我到底要逃避什么？只有这样，我们才能踏上自我成长的道路，才能找到自己真正的幸福。

我的来访者们，或多或少正在经历着这样的故事。有的人已经敢于面对，有的人还在执迷不悟。因为那么多年，他们已经习惯了在他人面前表现出他们最优秀的那一面——事情一旦行不通，那肯定不是自己的问题。在对朋友倾诉时，也或多或少地为自己的不堪掩藏真相。我们撒谎遮掩，我们避重就轻，我们寻找外遇，我们孜孜不倦地要求对方改变，这一切的行为都是因为我们不敢接受真实的自己。所以，无论谈再多的男女朋友，结再多次婚，最终，我们都不得不面对真实的自己。

所以，我们应该去总结一下让我们亲密关系破裂的那些问题，勇敢面对那些所谓的"对方的问题"下自己真正的问题所在。虽然这是我们获得幸福最重要的一步，但是我们大多数人都不敢迈出这一步。因此，我希望你把自己所有的问题列成一张清单。如果是行为和能力层面的，比如生气时对着男友大吼大叫这样的沟通问题，我们可以通过学习去改变。但不幸的是，大多数问题都是我们根植于内心、深信很多年的信念问题，这样的改变，真的并非一朝一夕。我们需要的不仅仅是看见自我的勇气，更需要勇于自我成长蜕变的勇气。

相信我，任何一段关系，想要获得幸福，最终都要走上这条路。等到进入婚姻后，还有更深刻的考验在等待着我们。而所有的幸福的起点都是从此开始——接受我们的本来面目，接受伴侣的本来面目。

明白得越早，就会改变得越好。世界上没有什么事情，可以比不断地发现自己，挑战自己，与更深层次的自己相遇更难的了。明白这一点，我们会感激每一个经过我们生命的伴侣，因为他们的出现只是为了成就更好的我们。

目 录

第一章 Part 1
照亮情感盲区：成长是自己的责任

- 002 对伴侣的要求里藏着你的匮乏
- 006 自恋编织的美梦会醒
- 011 为什么你在同一个地方跌倒N次
- 016 偏执的你，傻得让人心疼
- 022 谢谢伴侣帮你发现更好的自己
- 028 别阻挡一个人去经历痛苦
- 033 没有谁会配合你的改造行动

第二章 Part 2
生命中的难题：走出内心匮乏感的怪圈

- 038 当梦中的王子现出青蛙原形时
- 043 爱情是一场"精心的算计"
- 048 "三个月死"的爱情魔咒
- 054 谁在"动"你的男友
- 059 看见攻击性后面隐藏的愤怒
- 064 得到爱的法则：先学会付出爱

第三章 Part 3

弥补缺失的爱：
要爱就要情感独立

070　想结婚，先与原生家庭告别
076　你是不是在"绑架"父母
081　伴侣或许是你对父亲形象的投射
086　去勇敢表达自己的感受吧
092　你为何不愿成为妈妈那样的人
098　从母亲的限制中解脱

第四章 Part 4

给自己安全感：
别人都是为你来

106　不安全感作祟的分手
112　告别旧日恋情的正确姿势
117　择偶标准是个伪命题
122　找到另一半，需要有点策略
127　美丽的打扮是你的终极武器
133　向男人展现你的诱惑力

第五章 Part 5

爱要刚刚好：
活出自己的幸福

- 140 伴侣如何爱你，都是你教的
- 145 恋爱王者都会用的技巧
- 150 来自火星的男人到底怎么想
- 156 来自金星的女人应该怎么做
- 161 男人要学听，女人要学说
- 166 优雅地向男朋友表达不满
- 171 爱你的人喜欢听你多夸他

第六章 Part 6

婚姻让人成长：
在爱中找回自己

- 180 婚礼是场成人礼，非"成"勿入
- 185 两个人婚前的必走之路
- 189 有"我们"的意识再结婚
- 195 女人都需要一场盛大的婚礼
- 201 值得男人钟爱一生的女人
- 206 好伴侣都是人本治疗师
- 212 女人大智若愚的聪慧
- 217 看见意图，更容易获得幸福
- 222 与伴侣建立深刻连接的性关系

第七章 Part 7

爱真实的自己：
人生是一场臣服的游戏

230　女人一生都想逃避什么
236　打破情绪的自我捆绑
241　拥有敢幸福到底的勇气
247　高自尊是爱自己的开始

后记

255　愿你拥有爱的能力

Part 1
第一章

照亮情感盲区：
成长是自己的责任

对伴侣的要求里藏着你的匮乏

"我们被父母培养了这么多年,没有必要委屈地和不如自己的人过一生!"

"我好不容易自己有房有车了,难道让我找一个没房没车的男人嫁了?那也太便宜他了!"

"专家都说了,之所以'剩下',就是因为我们太优秀了!"

我的热心红娘朋友把她在单身群里看到的言论截图给我,看完后,我们非常默契地打了一排省略号。

对于这些问题,我特意去查了百度,铺天盖地的帖子告诉我:剩下来的都是因为太优秀了!突然想起若干年前,我的那些亲戚们在跟母亲聊天时的神情,他们清楚地说着:"你把女儿培养得太优秀了，这样不好嫁！"我可怜的母亲脸上飘过刹那的自豪之后就又恢复了沉重。那时的我，脸上的自豪表情比母亲保持的时间久多了，那是一种长期的凝固状态。直到后来我接触心理学后，才明白自己以前对"优秀"的理解有多么狭隘。

想想自己从小奋斗到大，有第一套房的时候，绝对是感觉自己已经走到了人生的巅峰；再看看我们身边的亲戚朋友，去评价我们时，也会把房子、车子当成是否优秀的评判标准；就算我们在找对象的时候，虽然嘴上说有没有房子没关系，但如果碰上有房的，还是会优先考虑。整个社会都处在给房地产抬轿子的状态，于是只能在挑挑拣拣中无奈地看着房价上涨，伊人老去。

我在二十多岁时也想找个有房有车的，等到自己买房买车后，觉得更应该嫁个有房有车的男人，所以我自己的青春就是以这个为"优秀"的标准而浪费掉的（其实这个标准一直在潜意识里，致使我很多年都以为自己没有这个标准）。后来慢慢明白，这无非只是内心缺乏安全感的映射。这个标准的确是个现实问题，但若以此为唯一的标准，那只是在逃避自己内心的不安全感而已。

进一步讲，这是自我力量匮乏所引起的。如果我们真的够优秀，那为什么还要担心对方暂时缺这一样东西呢？也就是说，自己真正感觉到有力量了，那怎么还会对别人有要求？因为靠自己就够了啊！可见，我们对衡量一个人是否优秀的定义被片面化或偏执化了。等到真正步入中年，看过了身边人的起起落落，才发现将日子过得稳妥的那些人，都有着共同的优秀的特质，就是他们成熟的心智模式。具体来说，心智模式具有两个核心点：懂得内省和用发展的眼光看问题。

第一，懂得内省。我们在生活和工作中几乎天天会遇到难题。懂得内省的人即使面临困境一败涂地后，也不会将所有的问题都归于外界。他们善于从自己的身上找问题，来让自己通过反省而提高。比如前一段时间我与一位女孩聊天，她跟我倾诉了她在与异性沟通上的苦恼。在我听来，与她约会的那位异性的确有现在许多单身男孩的问题，就拿约会不积极这种现象来说，我听了也挺头大的。

但是这位女孩一边在复述他们之间的对话，同时也在反省那个对话当中自己的问题。于是我们从沟通模式谈到内心逃避的问题，最后探讨到了她一直以来的心智模式。在那次对话后不久，我在她的朋友圈里看到了她在面对和改正自己问题时的勇敢和努力。半年后,她终于在调整好自己的状态后迎来了自己的终身伴侣。可以看到的是,她的这个懂得内省的特质,让她的人生道路越走越宽。

第二,用发展的眼光看问题。高房价这个现实,对于未婚男女来说无疑是最赤裸裸的苦难。这时,积极的人生态度不仅体现在经常内省和改善自我上,择偶上也体现在不能用停滞的眼光去考察对方。当我们明白一个优秀的人不是以有房、有多少套房来衡量,而是包含了良好的个性、积极的态度等各方面的因素时,我们就不会计较对方的一时得失。风物长宜放眼量,两个人齐心协力得来的一切,才会令彼此更加珍惜。以这样的态度去衡量身边一切的人、事、物,我们会发现令自己现在执着而痛苦的事其实都不是事儿,也就会自然地释然、放下。少了痛苦,多了自在和从容。

我们已经被片面的"优秀"标准误导了许多年,是时候清醒过来了。哪怕我们现在真的拥有了一切,也别再标榜自己有多优秀了;哪怕我们身边充满了夸赞我们优秀的人,也别被他们的美言哄晕了。那些话只是安慰我们的麻醉剂,而我们却偏把它当补药。

自恋编织的美梦会醒

其实,适度自恋是个很好的特质。控制在合理的范围内,它就能带给我们自信、乐观、自强。但是通常我们说到自恋时,都是带有贬义的,原因是很多情况下我们都自恋得过了头。比如漂亮姑娘偶尔发自拍,展现一下自身的美貌资本,朋友们是喜闻乐见的,但如果自身没有这样的资本却还要秀,一般人看见可能就会觉得不忍直视,当然人家也不会干预我们去做自己。但如果这一行为发展到夸张、病态的时候,就会招人烦了。

我的一个朋友曾经给我说过他自己的一个故事:他在创业期间遇见一位女士,由于职业经历还算不错,就总是以一副她是专家的心态来指导他的工作。一开始他还真被对方是专家的气势给唬住了，在很长一段时间内请她吃饭并主动要求被指导。可时间久了，发现对方压根不能解决实际问题，所有的指导都只是停留在夸夸其谈的阶段。她东拉西扯地介绍了一堆所谓的资深人脉，也无非是临时搭的班子，自然对实际问题没有任何帮助。

"其实这也就算了，我也不跟她计较。"我朋友接着抱怨，"但你不知道，她那副颐指气使的样子，仿佛我就是一个傻瓜！"

"那现在你们的关系怎么样呢？"我挺同情这个性情中人又有点儿自卑的朋友。

"表面文章呗！还得经常被她的自拍照刷屏。秀完自拍还秀智商、秀业绩、秀自己的富足生活。你有钱你还天天秀网购的衣服干什么。受不了就给屏蔽了！"

"恭喜你，解脱了。"

"哪有啊？上回因为业务上的事情又一起坐下来开会，我发现她眼睛红红的，就问了一句，结果她就把我当成蓝颜知己了，说了一堆她在婚姻里的付出和回报的不对等。我当时真觉得她太具有奉献精神了，听得我都差点儿想去找她老公评理去。"

"结果呢？"

"结果当天开完会，我送她出大楼，在楼底下遇见了来接她的老公。她虽然半推半就的，但还是很高兴，把我给气坏了！哎呀，她老公那个看不起人的样子，吹牛的能力比她还强十倍都不止。从那以后，我再也没理过她！"

"其实她挺可怜的，只是她自己不知道。"我回了朋友一句。

很多时候，如果一个人在儿时自己的需求不被父母看见、关注或者回应，甚至以转移、评判、否定的方法处理，长大后就会通过各种方式求取更多人的关注。甚至有可能这个人的父母就是极度自恋的人，要求孩子都按自己的安排来。由于一直以来，父母也许只关心成绩等外在满足他们需要的东西，导致孩子在成长过程中的内心需求和痛苦都未被合理关注。在感受不到安全的前提下，他们便会把父母需要的面具戴在自己的脸上，通过二三十年的表演将面具化成了自己。

简而言之，小时候不被父母看见，长大了就要让全世界都看见。所以会显示出过度的自信，并通过打击别人来体现自己的成就。如在公众场合展现自己的与众不同，并经常以"过来人"的身份去给别人建议和指导，但又对别人缺乏同理心和同情心。在亲密关系中，这样的人往往会乐于扮演为家庭牺牲的那个角色，他们用这样的爱的方式来获取对方的关注。但往往越是缺爱的人就越会遇到另一个缺爱的人。于是在一段关系中，两个极度自恋者就会相互折磨。

这样的人，基本在成人后真心交往的朋友非常少。人们都不愿意去跟一个时不时评判自己、打压自己，天天晒优越感的人成为朋友。同时，他们对友情的期待也有不合理的要求，希望别人以他为中心，甚至为他做出自我牺牲。在职场上，一些曲意逢迎的下属可能表面对其阿谀奉承，转身却牢骚满腹，只是极度自恋者并不知情，他只会在那些编织的言语中加深自恋程度。

极度自恋的人生活在自己编织的美梦中，如果在现实生活中遭遇到与美梦严重不符的打击，比如职场上不被权威人士认可或者在亲密关系中被对方嫌弃，这时就非常容易激发他们的心理问题，而且这样的激发可能会相当严重。

极度自恋的人很难面对现实中的自己，也难以有机会被人提醒看见自己的本来面目，所以如果在生活中没有契机去发现自己，那基本上他们也罕有可能意识到自己的这些问题，为此很容易给身边的人带来麻烦。当然，这样的人也并不会完全没有朋友，一些能够洞见他们的缺爱模式，或者有大爱的人当然也可以和这样的人友好相处。

但我们大多数人自己身上都有弱项和缺点，就如同我的这位朋友一样，本身就有点儿自卑。在跟极度自恋者交往的过程中，会不自觉地进入对方的陷阱。虽然最终会爬出来，但经历的不痛快却是真真切切的。

人都是很敏锐的，嗅到一点点不友善的气息，就会马上远离。如果我们身边有这样的朋友，在我们自己还不够强大的时候，最好敬而远之。同样，如果发觉自己身边真正的朋友很少，也可以对照这个案例，反思一下自己。

为什么你在同一个地方跌倒N次

"这件事情我已经考虑了很久。"龙坐在我对面,故作淡定地说。

"你这句话听着真耳熟。"他这句话我已经听第三遍了。第一遍是在他要和他的第一个女朋友分手时,第二遍是在他要和前妻离婚时,这次是在他第二次婚姻一年后。

"这次和以前不一样。"龙听出了我的话外音。

"哪儿不一样了?"我有点儿不耐烦。

"A是个女强人,她爱自己的事业多过爱我;B行为不检点,我婚后才认清了她的真面目。"

"那现在的C呢?她既没有A那么要强,也比B更能持家过日子，她又是什么问题？"

"她表面上很贤惠，但实际上一点儿都不体贴，她那些好都是装出来的。"龙说话的时候有些义愤填膺。

"你能给我举一个她不体贴的例子吗？"太多人喜欢给别人贴标签，扣帽子，我们再往下看看他描述的具体事情，可能看到的东西会完全不一样。

果然，不出所料。

"你知道吗，我不让她上班，让她在家里带孩子、照顾家里人的生活起居。就这么点儿事，她都做不好。我的裤子她不知道去熨，换季的时候也不知道把我冬天的衣服翻出来，我的袜子扔在那里三五天才洗，都要臭了。"龙的眼神往左边飘着，努力地回忆着C的种种不好。

"裤子、衣服和袜子，这些是谁的东西？"我追问。

"是我的东西啊。但她有义务把我照顾好啊。"

"为什么你生活得好坏是别人的义务？"

"那我娶她干吗？"龙开始强词夺理。

以我和龙的交往，我知道C姑娘的确与他遇到的前两个姑娘完全不同。只是龙真的就有这种能力——他能把亲密的女孩都变成"坏女孩",哪怕我还清晰记得他在一开始与她们交往时,是如何向我描绘着她们的种种好。

在第一次恋爱失败后,他得出了"女强人不好"的结论,于是,他换了一个貌似事业心没有那么强的姑娘,又恋爱了。但人总有缺点,他发现了一个问题后,立即开始强有力的攻击。如果回家晚,他就断定天性活泼的B姑娘和别的男人在一起。在他不断地强调下,B姑娘终于和别的男人在一起了,于是他终于印证了自己的设想。当他鼓起勇气说要找一个完全不一样的姑娘时,他把择偶条件落到了贤惠朴实上,而这一次,我本以为他可以拥有幸福美满的婚姻了。

不知道大家有没有这样一种体会,开车的时候,在一个路口走错过,那下一次在这个路口八成还是会走错。"不要在同一个地方跌倒两次"只是人们的美好愿望。如果没有觉察,不幸的人只会一味地重复这个错误的模式,不断地在这个路口走错。其实这个路口并没有错,开错车的是我们自己。如果没有觉察,我们只会怪那个路口,甚至会怪命运对我们的不公平。

龙的潜意识里就认为伴侣都是靠不住的,所以在他与伴侣的相处过程中,可能伴侣的一次疏忽,就被他当作不可靠的理由,用以支持他一直以来的结论。这样的行为，在心理学上叫作"强迫性重复"。

这样的强迫性重复，只是为了证明我们曾经习惯的生活，如果现在的生活变得与过去不一样，我们就得做点儿什么，把现在弄得和过去一样。

后来，我和C姑娘谈过以后，才明白龙是如何无端地制造出一些事情，让她忍无可忍地发狂、发怒，甚至变成了一个连她自己都不认识的人。

任何强迫性重复，都与童年的经历有关。如果一个人的童年，得到了应有的幸福，那他就会在他之后的人生中去不断重复这个幸福，这就是为什么有的人即使失恋几次，也不会因为别人的原因失去对美好生活的向往；而有的人的童年，没有获得足够的尊重、支持和爱，痛苦的感觉一直压抑在心里，那他就会在潜意识里认同这个不幸，即使遇到对的人和对的事，他也会觉得不安，从而做出一些事，亲手把事和人都毁了。

我最终没有成功帮助龙。当一个人拒绝看，拒绝听，拒绝接受多一种可能性时，他的世界是封闭的，任何外在的声音都只是在证明伴侣是靠不住的。我们没有办法去改变我们童年的经历，但我们可以利用成长中的痛苦去看清自己的原生伤痛在哪里，是那个伤痛造成了我们之后人生的种种纠结。当我们勇敢地去面对那个伤痛的时候，即使我们一时半会儿不做什么，改变也会悄然发生。

偏执的你,傻得让人心疼

某个深夜,我的一位未婚女友在群内求助,说她在交友网站上收到一封陌生网友发来的信,看完信以后感觉男方的各方面条件还算不错,但不知道是不是要回复。问她犹豫什么,她对我说,男方信件里"阅读了你的资料,觉得你还不错,想进一步认识你"的这句话有问题——因为她的基本资料几乎是空的。所以她判定这个男人是在群发邮件,从而推断出他不是一个认真的人。

这让我想起在一次同学聚会上发生的事情。一位事业成功、家庭幸福的男生对现场几位单身女生提出改变的参考建议,但席间一位大龄单身女同学种种打岔,认为自己相信的"一切都是缘分"才是真理，也怂恿其他单身者坚持自己的想法，不要做任何改变。

这样的情景在生活中真的是随处可见，而这些情景的主角身上都有一个共同的特质：偏执。大龄青年男女中大部分或多或少都有偏执的特质，而一旦有了这些偏执，人就会像无轨列车一样，驶向一条不归路，除非某天突然醒悟主动刹车。

那什么是偏执呢？偏执型人格的特征是：他们极度敏感，对侮辱和伤害耿耿于怀；思想行为固执死板，心胸狭隘；面对重大问题，常常意气用事，主观武断，我行我素；自以为是，以自我为中心，总认为自己受到了不公正的对待；没有责任感，遇事以自己的利益是否受到损害为标准，将责任推给他人，从不自我检查；一旦遭到别人的批评，会立即想方设法予以还击，伤害了别人还泰然处之；等等。

看了上面的解释，是不是感觉很害怕？

偏执的人，由于心态如此，往往看问题的角度和出发点也都会变形。这不仅会影响其与亲友、同事之间的关系，而且还会影响他在事业上的发展。一个人事业的高度和家庭的和谐程度，到了一定高度后完全取决于他性格的完善程度。

就算这些都不论，如果我们想步入婚姻，那么我们的那些偏执也会断了无数条可能的路，只会重复过往不成功的经验，从而继续得到不成功的结果；我们会用自己的标准来要求对方，不能接受和我们不一样的人和事；我们会变得越来越固执和挑剔，从而喜欢和能接受我们的人会越来越少。总之，偏执或者偏执化的人格，对脱单这个目标没有一点儿好处。

如果意识到自己偏执，改变还来得及吗？

前几个月，我和许久未见的研究生室友相聚，她惊讶于我的变化，问我还记不记得七八年前曾经说过的某些话。我听完那些话后，嘴巴张得很大，半天没反应过来。"那些偏执的言语真是我说出来的？"她说："是啊，你曾经的信条是林忆莲的歌词：我选择绝对或者零，不要一些或者中间。"那一刻，我为自己曾经的不成熟而感到羞愧，恨不得找个地缝钻进去。

如今，我觉得在我身上发生什么事情，或我遇上什么奇怪的人，都有其合理性，因为它存在。我依然会敏感，会愤怒，只是这样的时候越来越少，因为我已经无法轻易被"点燃"。与这些"燃点"同步提高的，是我的幸福指数。所以，我想告诉各位，偏执当然可以改，就算是已经形成了偏执人格障碍，现在改依然来得及，并且改变偏执的钥匙就在我们自己手上。

　　我在给来访者做咨询时，往往需要用一段时间才能让他意识到这一点。而当他意识到之后，他基本都会沉默很久，然后自言自语地说："我一点儿也不希望自己这样，我怎么会变成了这样的人？"

　　大多数没有达到人格障碍的单身偏执者，多少都在感情的道路上不太顺利，或许还经历过几个所谓的"奇葩"对其伤害，以至于现在任何一点儿风吹草动，都有可能使曾经的伤疤再次被揭开，变得敏感多疑、固执刻薄。其实，如果当年我们能够转换心态，以一种更包容和更积极的态度看待自己的感情经历，不把一切错误都归咎于对方，并且不要在潜意识里反复强化错误带给自己的教训，那么，自己就不会走到偏执的地步。

　　我们要看到，一些信念已经妨碍了我们的成长。比如"为什么这个男人不改变，还让我改变""都是她的错，我没错"。我们之所以抱有这样的信念，是来源于我们之前的挫败经验，而如果你仍然把目光聚焦在过去的事情上，那这些经验就会成为我们成长的绊脚石，因此，把聚焦点投向未来，才是积极的改变。

　　大家都知道，我们的很多行为都是由潜意识层面的信念决定的，所以要想远离偏执，我们就需要对妨碍成长的信念进行改变。像本文开头写到的那位女朋友，她对没有见过面的男性网友的信念就是：

用模板信件＝群发邮件＝择偶态度不认真

她用的是一种贴标签的方法。那我们就来改变标签：用模板写信的人，因为他想提高效率以便更快地认识我们，说明他是个在择偶上积极主动的人。所以我们要从事情的另一面或者深层次去看到事情背后的正面动机。我给我的女友讲完这些以后，她就兴高采烈地回信了。

不只如此，这样的行为还可以延伸，让自己确立"我也要变得更积极主动"的想法。于是，我鼓励女友在交友网络上主动给男生发信息，因为这样会让自己多一些幸福的可能性。很多时候，女生只需要轻轻说一句"Hello"，相信大多数男生只会想"哎哟，不错，这个女生对我有意思"，而不会去想"这女生怎么群发邮件"。

如果还不能立刻运用改变标签的方法，那在遇到任何一个与我们持不同意见的人时，请先深呼吸，问自己一个问题："我坚持自己的想法有好处吗？"多问几遍，就会有更多的时间来倾听和消化不同的意见。当我们能包容的意见越来越多时，代表我们也慢慢地放下了曾经的那些偏执。

一个淡定包容的人，与人交往时的舒适区会越来越大，自然会让人更愿意亲近。当然，如果认为自己坚持了这么多年，在坚持变得越来越难的情况下，我们的坚持仍然给我们带来了好处的话，那也完全可以选择相信自己，继续偏执下去。如果将偏执的精神用在对事业的追求上，也有可能因此创造出更辉煌的成就。

大龄青年婚后会为自己曾经说过的狠话而后悔，不仅仅因为那些话，更因为曾经偏执的自己傻得让人心疼。

谢谢伴侣帮你发现更好的自己

好不容易找到相爱的人了,但许多女孩子在确立恋爱关系后没多久,警报就拉响了。这似乎已经成了必然的过程,而且拉响警报的通常是女方。

"我希望他能像我父亲那样关心我,但他好像只顾着自己。"

"他现在的样子和我当初预想的完全不一样,我不喜欢这样的他。"

"我们的相处模式让我接受不了,我们看待事情的方式差异太大了。"

为什么会这样呢?原因是,这些女孩子没有能很好地控制自己内在的"坏孩子"。在我们很小的时候,老师和周围的亲人就给我们立下了规矩：我们只有安静地坐着、认真学习、努力地拿好成绩，才是大家眼中的好孩子。当好孩子的结果就是可以得到更多的表扬和爱，以及相应的物质奖励。

因此，我们在成长的过程中学会了隐藏。我们努力地隐藏和压抑内心的那个冲动的、叛逆的坏孩子，努力地扮演和张扬着那个讨人喜欢的好孩子。可是，坏孩子并没有随着我们的成长而被消灭，而是跟着我们的身体一起成长。他在等待，一旦出现合适的时机，他就会窜出来，而且是以更加强烈的形式窜出来。

当然，这个坏孩子，不只是隐藏在女孩内心深处，也同时隐藏在男孩心里。所以，当男孩和女孩内心里的两个"好孩子"相遇时，他们会甜蜜无比，并得到大家的祝福和肯定——他们在一起实在太般配了！他们也常被这样的假象欺骗。

但是，坏孩子总有被放风的时候，而亲密关系中的两个人又长相厮守，被放风的坏孩子难免会遇到另一个被放风的坏孩子。于是，两个坏孩子就会打起架来。在这个过程中，如果其中一个坏孩子逃跑，另一个还会把他再追回来继续打。怎么办呢？只有分开。

很多人在开始一段亲密关系后，往往无法长久地维持，原因就在于彼此只能看到对方身上的坏孩子。如果一个好孩子和一个坏孩子在一起，那么好孩子会让着坏孩子。但其实，人和人之间的冲突，就像两个坏孩子才能打起来一样，我们每个人都有好孩子和坏孩子的一面，所以有冲突才是真正人性的体现。那怎么办呢？实际上真正的解脱之道只有一点：勇敢地去面对自己的坏孩子，真正去接触对方的坏孩子，并学会和他相处。

在冲突发生的时候，你可以利用天生的洞察力去关注你的内在，看到那个坏孩子的本来面目。但做到这点并不容易，尤其是女性，往往容易被情绪所左右。当坏情绪升起时，就像一大团水雾遮住了镜面，令你看不清镜子里的自己。越是陷在坏情绪里，水雾就越是挥之不去甚至越来越浓。此时恰当的处理方法是将窗户打开，让新鲜的空气进来，水雾就会慢慢地散去，镜子里的自己也会越来越清晰。

以前我也会在那个发怒的坏孩子冲出来的时候，久久沉浸在坏情绪的水雾里，让这个坏孩子彻底迷失。之后，我尝试学习抽离，一开始先把自己的身体从当时冲突的环境中抽离，我说"停，冷静一下再说"。然后我会和自己的坏孩子走到一边去，看看到底是什么原因导致坏孩子又出来惹事了，等练习到一定程度后，我学会了意识上的抽离。在坏孩子发怒时，我将自己的意识调离自己的身体，就仿佛有另一个我在半空中看着自己，看着自己的坏孩子在那一刻的疯狂和不可理喻。除了看着他，什么也不做。慢慢地，那个坏孩子自己就会平静下来。

所以，当你和伴侣因为两个坏孩子而争吵、冷战甚至互相伤害时，可以先别让自己做任何决定，试着跟他一起去关注自己内心的坏孩子。问问他们："嘿，你们需要什么？"在真正关注以及彼此坦诚地交流后，你会发现，你和伴侣两个人的坏孩子长得很像。正因为他们的相像，你和伴侣才能彼此被吸引着走到一起。所以你和伴侣相爱也并不全是好孩子们的功劳。既然如此，在一份爱情面前，你和伴侣就需要彼此都去接受对方的好孩子和坏孩子。

有些女孩说："已经来不及了，我已经和他分手了。"既然如此，你就往前走，向前看。但不能让前一个伴侣就这样莫名其妙地走了，甚至有时还带着怨恨和不甘。如果你有类似情绪的话，你还会把这样的情绪带入到下一段恋情，而无法真正地开始一段新恋情。因此，你必须要对曾经的恋情做一个总结，也就是说，想一想你从中学到了什么。

从哪里入手呢？很简单，你是否还对他耿耿于怀，说起他来还咬牙切齿，恨不得从来没有在这个世界上遇到过他。如果你还是这样的状态的话，那么"恭喜"，你还需要继续学习，因为你还没有看清那个令人讨厌的他其实就是你自己。

所以，真正的放手是看到他给你带来的功课（其实就是你自己的人生功课）。而你不会去恨自己吧？所以，你只能去接受那个昔日和你在一起的伴侣。甚至我要说，你应该感激那个男人。你内心的那些伤痛不是因为他对你做了什么，而是你不接受，伤痛才会产生。在过去的关系里，你感觉到一切越来越让人难以忍受，是因为你对他的行为方式越来越有反抗心理。但只要你还在心里批判他，就表示你还没有和你内心的那个坏孩子和解，还在依靠这个伴侣来发泄你对种种行为的不满，而看不到这些行为的始作俑者其实就是你自己。

好好地总结，发自内心地去感激之前分手的伴侣。没有他或他们，你就不可能有机会来好好地认识自己。你和伴侣最终可能会由于一些其他外力的原因而分手：父母觉得你和伴侣不合适、家庭背景相差太大、两个人的价值观背道而驰，可能这些让你和伴侣注定无法成为终身伴侣，但他的出现也是有意义的，他的任务不是与你成为夫妻,而是要让你学会看见自己,接受自己。

痛定思痛后,我们希望下一个伴侣能够更完美,希望他能满足我们所需要的一切。一旦有这样的想法出现,我们就又会将自己的匮乏投射到新的伴侣身上——我们认为伴侣有义务来给予甚至拯救我们。事实上,伴侣不会成为我们生活的救星,他只能是投射我们自身问题的救星。

我们似乎一直在寻找更好的另一半,事实上,我们只是一直在寻找医治自己的良方。与其如此,不如就好好地守住当下的这位伴侣,感激他来到我们的生命里。让他带着我们去经历,去突破,在不断加深感情的过程中真正地发现我们自己。这是一件很有趣的事情,因为我们的人生,就是通过一件件的事情在愈来愈深的层面与自己相遇,而在这个过程中,还如此幸运地互相陪伴。

别阻挡一个人去经历痛苦

我们从小就被训练要说好话。去串门,大人会压着我们的头说:"快叫叔叔阿姨好!"过年去亲戚家拜年,我们必须要举起自己的小手作揖,说:"祝您新春快乐,身体健康。"如果我们羞涩地躲在大人身后,连拉带拽也不给大人面子,说不定还会因此挨顿揍。由此,我们学会了人前要说好话,说了才有认可。

再长大些,我们从电视里、父母那里学会了安慰朋友的金玉良言——"没事的,一切都会过去的""一切都会好起来的",同时拍拍正在失恋、失业、失意中朋友的肩膀。好像这句话是面对他们痛苦的唯一回答。

其实我们也不知道那些话到底有没有用,反正每一个经历过痛苦的人都会被告知这些话，然后他们中的绝大多数也都能从痛苦中走出来。于是在我们经历痛苦的时候，在我们伤心、愤怒的时候，当这句话迎面而来时，我们觉得如此的理所当然。

可我们又有几个人知道，说这句话是多么不负责任——它让我们继续经历一轮又一轮的痛苦而无济于事。

趋乐避苦，是我们每个人终生都在追求的目标，并且以我们认为对的方式在追求。我们追求房子、车子、事业、爱情、婚姻等等，用这些所谓好的方式来达成我们要追求的快乐。只是在经历了很多痛苦磨难终于到手后，新一轮的痛苦总是会再次发生。之所以会这样，是因为我们把以上的追求目标当成了快乐。看到这里，你是不是觉得我在老调重弹？我可不是来说教的，作为人，我们干吗不去追求呢？我只是想让你更多地关注，在追求后不管成功与否的那份痛苦。

对，就是这份痛苦。很多人觉得我们每天都在面对。想想看，我们真的面对了吗？我们去参加各种各样的心灵成长班，我们跑来跑去地参加各种公益事业，到处献爱心。除了少部分人能做到毫无功利心地做这些事，又有几个人不是为了满足自己无止境的贪念呢？这个贪念就和我们劝别人"一切都会好起来的"一样,是在逃避自己的痛苦。

在面对痛苦时,我们大多数人的表现是抵抗、逃避。然后我们会找人诉说,寻求别人的安慰。大多数的朋友也会满足我们的心愿,他们会在听完我们的抱怨后,拍拍肩膀对我们说出那句话。他尽了他作为朋友的义务,我们也得到了想要安慰的需求。但是,这一切都是没有意义的。这句话,是一剂麻醉剂,它让我们觉得生活中的苦难都是别人的问题,虽然我们自己在经历,但无非就是让我们变得更坚强,这是苦难唯一的意义。

于是,刚打开的一扇通往内心的门,在我们的潜意识需求和朋友的配合之下,就又被关上了。是的,我们需要安慰,就算去见心理咨询师,做这个职业的人,也需要跟我们有些共情,认同我们的情绪(虽然不是理念)。如果我们需要,他们会带着我们做些分析,从我们的身上找到解决问题的出口。但无论哪种方法,最后直接面对痛苦的人,只有我们自己。我们大多数人都不敢,因为那份痛苦下面是人性中赤裸裸的丑陋。

我们有没有勇气在面对爱人离开后,坦言正是我们的自私把自己的爱人赶走了;我们有没有勇气在自己潇洒地裸辞后,敢向大家宣布其实是对自己能力的自卑才出此下策;我们有没有勇气在抱怨世风日下、人心难测的时候,向每个人承认在这个问题上,自己作为其中一分子也需要负责任。我们不敢,所以在暂时用这句话麻痹自己后,老天还会换个方式找其他的事情让我们去经历痛苦,而且会让我们付出越来越惨痛的代价。一次不明白对吧?那咱再来一次,痛苦加倍。还不明白?那下次再来,再加点儿砝码。可惜,我们仍不自知,大家都觉得痛苦不是什么好东西,我们成长的方式就是坚强地站起来,然后,逃跑!

其实,我们经历的每一份负面情绪都有其积极的意义。那份情绪,是在告诉我们——嘿,你有没有看见自己的丑陋?我们向来批判痛苦,仿佛快乐是唯一的意义,所以大多数人都忽略了自己的内在,维持着所谓的和谐。这不怪我们,造物主就是在下这样的诱饵,让我们去经历痛苦,然后我们就有理由去责怪别人,也可以以对抗痛苦作为自己的成就。当然还可以孤芳自赏:看我历经磨难,获得现在的成就,多么不易!那么,我们到底该如何去面对痛苦呢?

面对痛苦,唯一正确的打开方式是:承认和接纳它。承认自己应对这份痛苦百分之百地负责,承认透过这份痛苦看见了自己人性的丑陋。当然,说句实话,别想着去"改正"自己,这些是我们与生俱来或者是后天几十年习得的，别总想着力求圆满地去把自己打造成圣人。看见这份丑陋，面对它，才是唯一的解药。因为下次它再披着其他颜色的外衣来时，我们会有这份觉知，对它说："嗨，你又来了，这回我才不上当呢。"奇妙的是，痛苦也就随之减轻和消失了。

不管信不信，也别再阻挡别人去经历痛苦。面对痛苦和人性的丑陋是每个人成长的事。所以，当下次有朋友再向我们求安慰时，陪着就行了，别再给人家上麻药了。

没有谁会配合你的改造行动

我重点关注的女性,从"70后"到"80后"居多,无论单身还是已经有了稳定的亲密关系,她们普遍都有两个重要的人生课题需要去完成:与父母的关系的修复,以及与自己的关系的修复。而年纪越大、越晚步入婚姻的,这两个课题越需要去学习、去面对、去完成。即使暂时不去面对,也需要在婚姻里去面对。

女生在亲密关系中,很容易将与父母的关系投射到男生身上。那些童年未完成的期待、未疗愈的伤害;那些来自原生家庭父母紧张关系带给自己对情感关系的幻灭和恐惧;那些来自强势父母所带给自己的压抑的渴望。这种种的情感,都会在女生全情投入一份感情后,一股脑儿地全扔到她的亲密伴侣身上。因为对于她来说,这是一个那么完美的男人,他满足了她的种种要求,他是她安置这些期待的安全场所。只是这一切是在一种女生自己都不知道的状态下进行的,她更不知道的是,这一切只是投射给了一张她心中的照片而已。

当然,照片是无法满足她的期待的。

当我们在无意识的状态下对一个人投射了很多期待,而他并没有满足我们,但我们又觉得我们和他之间有很深的感情,需要和他继续维持这段感情时,我们只能做一件事,那就是改造他。把他改造成可以满足我们未完成的期待的人,改造成我们心中的那张照片。这个改造伴侣的企图,是对方一场噩梦的开始,也是我们自己的疗愈之路的开始。

通常,改造之路会经历以下阶段:

第一阶段:引起注意(你看看我!你看看我!)。在这个阶段,我们会制造一系列的事件,甚至是惹事、挑刺,来引起对方对我们的注意。很多时候,亲密关系中的争吵源头就是由一个个被伪装了的"来看看我"引起的。制造事端的潜意识是想让对方呈现出不令自己满意的状态,好让自己可以下手改造。

第二阶段:权力斗争(你必须按照我说的做)。在这个行为里，我们表面上是想夺回关系中的控制权，潜意识却是在完成小时候对父母权威的反抗。也就是说，我们要把他改造成我们理想中的父母。谁也不愿意被控制，于是，男女双方就开始轮流做斗争。

第三阶段：报复心理（你伤害了我多少，我也要伤害你多少）。这是改造行动没有成功后的一个反应。实际情况是"我不愿意承认我改造失败了"，但却以"你伤害了我"来伪装。于是，原本通过权力斗争来向自己开刀的好机会就此错过，我们直接举起了手里的那把刀，刺向了对方。

第四阶段：自我放弃（努力有什么用呢，反正我一点儿也不重要）。没有勇气向自己开刀，也无法改造别人，于是我们只能放弃。我们承认，自己并不重要。我还是从这段感情中逃离吧。

我们可以观察到，在改造行动中，与父母关系的课题还未完成，就进入了下一个课题：改造与自己的关系。而每一次争吵，本质都是旧痛浮现。每一次其实都是一个大好的机会，可以让我们踏上疗愈自己的征程。首先是疗愈与父母的关系，其次是疗愈与自己的关系。其实不仅仅是亲密爱人，好朋友、闺密等也会成为我们实施改造行为的对象。

但不管多少次故技重演，结果都是不变的：我们的需求永远不可能被满足。与此同时，曾经感受到的不被爱的伤痛又开始浮现出来。这样的互动，往往让双方都产生错误的感觉：都是你的行为造成了我的不快。于是，争吵不休。其实，对方的行为只是让我们的旧痛浮现的药引子而已。

改造行动的失败，导致小时候那个没有被满足的期待再一次被放大。因为父母让我们觉得这个世界没有足够的爱，而另一半也不愿意满足我们，我们的期待再一次被强化而幻灭，所以我们感觉世界上根本没有人爱我们。

我们内心对改造行动的热衷，来源于我们潜意识想成为一个更好的自己。而我们能终止这个改造行为的唯一方法，只能是认识到我们不可能通过另一半来完成对父母的期待、对自己的满足。另一半最多只是配合与我们争吵，让我们去发现自己的这些问题。当问题被发现时，就是疗愈自己的最好的机会。

成长，永远是自己的责任。

Part 2
第二章

生命中的难题：
走出内心匮乏感的怪圈

当梦中的王子现出青蛙原形时

从小，我们的大脑就被各类小说和影视剧植入了与自己梦中情人相遇的场景，在爱情观成熟之前，我们开始编织与他相爱的画面。我们对梦中情人的企盼和我们的年纪一样日增月益着，心中理想的他到底是什么样子的呢？为什么每个人的梦中情人都如此不一样呢？

在爱情的萌芽时期，我们的心中会生出一个造梦机器。它会不自觉地输入种种需求，于是一个理想的情人就被制造了出来，虽然我们并不太清楚他是什么样子的，但是总能在媒体上看到某些明星具备我们心中理想情人的特质，于是我们就会照着那个明星的样子去寻找那个理想的伴侣。

但我们很难意识到那些需求是怎么冒出来，又是怎么被输入大脑里的。它可能像我们深爱的父母，也可能和令我们厌烦的父母完全相反，或者它就像是理想中的我们。总之，这种种的特质让我们着迷。当有一个无比接近这些特质的人出现时，我们就会被深深地吸引，如果恰好我们也符合他梦中情人的特质，美好的爱情就会发生。而此时，一场爱情的骗局也慢慢拉开了帷幕。

我们先开始骗自己。我们的内心渴望爱情的降临，爱情让我们觉得自己如此重要，觉得自己的心有地方安放，甚至能让我们觉得自己不完整的生命得以圆满。于是，我们饥渴地企盼梦中情人的到来，这样的企盼让我们不顾一切。

当无限接近那个梦中形象的人出现时，我们便情不自禁地坠入爱河——闭上眼是他的样子，睁开眼又开始寻找他的身影，每日每夜都思念着他的笑容和声音。甚至从与他分别后的那一刻起，我们就开始了肆无忌惮的思念，完全无法控制住心底的那股洪荒之力，任由自己被淹没在这股思念之中。

"他的身材像我父亲，那他一定拥有和我父亲一样宽广的胸怀。"

"他对每件事都如此尽职尽责，完全不像我那个不靠谱的爸爸。我爸那些喝酒、抽烟、赌博的臭毛病，他也不可能有。"

"他出口成章，让在人前说话都会脸红的我感到无比荣耀，他肯定和我一样，也对感情认真专一。"

看，虽然他什么也没说，可我们却任性地给他加了一堆优点和好处，这样的任性让我们如此知足和满意，以至于我们完全看不到对方真实的一面。

接下来，为了能让他也对我们另眼相看，我们开始采取行动。

开始每天去健身房跑一个小时；偷偷去拉了双眼皮；去发廊做了新发型——我们所做的一切，都是为了在他面前展现出自己最美丽的那一面。他喜欢温柔的小女人，我们便把自己为了生存练就的尖牙利齿收起来；他倾慕知书达理的女人，我们便开始痛苦地恶补一直束之高阁的各国名著；他渴望温馨的家庭生活，我们便苦练厨艺。我们表现出来的是我们认为能够被对方认可的"最理想的另一半"的形象，同时，我们还要艰难地遮住在这些表面完美光环之下的本来面目。

如果说以上是美好的爱情，那么请往下看，我们是如何利用它来互相欺骗的。我们爱上的这个人是一个能让我们觉得如此特别的人，他能弥补我们的不足之处。更重要的是，为了更好地吸引这个人来爱我们，我们也必须假装自己拥有那些需要他来提升的素养。

那么问题来了，对方也在做着相同的事。于是，我们开始与幻想中的他（理想中的自己）交往，直到彼此撕下对方面具的那一刻。

这场骗局并不是我们的潜意识设计好的，很多时候，我们只是出于无奈。一个女孩如果有一个强势的母亲，那她的梦中情人可能就是一位好脾气的男人，而一旦遇上这样一个男人，她的爱情便无可救药地开始了。可不巧的是，她遇上的那个男人，也正是因为从小在一个严肃苛刻的家庭环境里长大，心中有压抑着的愤怒，但却为了生存，习惯性扮演一个温顺的"好人"。当热恋期结束后，彼此的真面目就会让对方觉得惨不忍睹。

我们经常说的"我爱你"这三个字其实也是一种欺骗。它不仅会让我们在行为上互相欺骗，而且也是我们最擅长说的谎言。当我们在说这三个字时，与身边的那个人其实并没有什么直接关系。因为当我们说"我爱你"的时候，想要表达的是"我爱你，因为你如此富有，而我却如此贫穷""我爱你，因为你踏实勤奋，而我却如此浮躁"。另外，在用这三个字结束争吵时，我们想要表达的是"我爱你，如果你完全像我的父亲那样包容我""我爱你,如果你按照我的意愿去做"。

总之,我们的"我爱你"都是有条件的——你要满足我的需要。

当发现真相以后,我们开始把时间浪费在互相指责、争吵和埋怨上,并用激烈的语言控诉对方:"你变得和原来不一样了!"此时,其实我们心底是在叫嚣:"为什么你和我想的不一样!"

其实,当我们梦想中的王子现出青蛙原形时,我们应该感觉到幸运,因为真正的王子不会喜欢同为青蛙的我们。不过我们也是幸运的,接受现实,我们自己也不过就是青蛙而已。所以幸福的生活从真实地展现自己,接纳爱人的本来面目开始。

爱情是一场"精心的算计"

有一个女孩向我抱怨说,男朋友让她失望。原因是他们经常因为借不借钱、还不还钱的问题争吵。虽然数额不大,但对方的言语令她十分失望。如果只是世俗地看,我们会说,就这么点儿钱还借来借去,并纠结于还不还的问题,说明感情本身就有问题;或者我们还会有这样的评判:"男人怎么还向女人借钱""这女人怎么如此心狠,不在关键时刻帮帮自己的男友"。

其实,一件事情要看到什么完全取决于每个人对自己经历的解读,我不想就钱应不应该"借"或者应不应该"还"来解读这件事。我真诚地希望你也可以站得更高、看得更透,看看我们自己在亲密关系里都在做些什么。

其实,绝大多数的亲密关系,无论是恋爱还是婚姻,都只是一场贪婪的交易。

在恋爱初期，我们会依照各种条件来给对方评分排序。总希望对方样样都比自己好，或者至少某一方面要比自己好，就算没有单项冠军，总分值也要比自己高。男女都一样，相同的评价体系，不同的评价标准而已。

男人的评价体系里总有对方的外貌和年龄，而女人的评价体系里总有对方的年薪和经济实力。如果要考虑婚姻伴侣，则需要在以上的评价体系里再增加若干项目。比如女人的温柔、贤惠、持家、孝顺，男人的宽容、幽默、貌端体健。总之，无论在恋爱的哪个阶段，我们的内心都会不自觉地进行着"算计"，但这样的"算计"非常隐蔽，我们很难发现，即使有所察觉，我们也羞于面对。尤其在我们一股脑儿扎进"爱情"这旋涡时，更会彻底地忘记我们的"算计"。

这也是为什么"恋爱蜜月期"我们会感觉非常美好的原因。在这段时间，我们堂而皇之地冠以爱情之名，头脑中的"算计"被荷尔蒙和多巴胺完全冲昏了。此刻，我们的头脑完全被身体内抑制不住的激素控制着，感觉所谓的评价体系也消失了，我们只知道爱这个人。所以，我们经常会听到这样一种说法：我们所有的恋爱标准,在遇到那个人之后都不见了。我们的评价体系真的没有了吗?不,它只是被所谓的"爱情"掩盖了。

在两个人的"恋爱蜜月期",爱情就像是精致的粉底,可以遮掩住一张长满雀斑的脸。这个阶段,对方可能会告诉我们:爱你的魅力,爱你的勤奋,爱你的宽厚。对方羞于告诉我们:爱你能给我提供稳定的生活,爱你能让我少奋斗十年,爱你能让我觉得出去有面子,爱你能改善我的孩子的基因。更没有意识到:我爱你,是因为有时候你冷落我的感觉,和小时候妈妈冷落我时是一样的;我爱你,是因为我只是需要一个人陪伴,我害怕孤独。

我们是如此贪婪——想要一辈子享用对方的这些好、享用这份爱情。于是,我们不可避免地进入了权力争夺期。

我们不知道这个阶段什么时候会发生,只知道每段恋情都会经历这个阶段,尽管我们不想面对,但我们必须要面对日益清晰的对方的赤裸灵魂。渐渐地,对方卸去了满足我们期待的伪装,我们也渐渐藏不住本性中的坏习惯。在彼此日渐清晰的坦诚相见下,双方都觉得自己"上当了"。

在一次又一次的失望后,那些被我们扔到脑后的评价体系,一下子又冒了出来。即使对方还是初识他(她)时的样子,可随着了解的增加，对方的减分项多出了许多。随着争吵的增加，对方的减分项越来越多，直到原有的分值被渐渐扣完。可没有人愿意承认，在恋爱中我们一直在给对方打分，只看到对方"怎么是这样的人"或者"变得和以前不一样了"。

我们的"算计"被我们的失望掩饰，被我们的心痛掩盖。我们只是自顾自地沉迷于失恋的剧本中，完全没有意识到这个剧本的故事线是自己的"算计"。

甚至直到最后分手时，我们也是算计着对方根本就没有满足自己想要的一切。更别提在这场关系里，对方付出多少，都在你心底里记着一本账，无论是物质的还是感情的。其实我们一直小心翼翼，生怕自己吃亏。

可见，亲密关系是我们自私自利最好的投射地。但自私也有其正面的积极意义，完全看我们自己怎么想。如果我们的男友，为了和我们在一起，虚报了他的收入——虚报是他的自私，可积极的意义是他为了想和我们在一起。我们发现后能不能看在他的动机上被他感动呢？

生而为人，很难无私。甚至可以说，人如果不自私，也无法成为夫妻。有哪个人不想从亲密关系中获得什么呢？只是，如果我们能承认现实，面对自己，也就不会总是算计着要对方为自己付出更多一些了，也不会要求对方无条件地爱自己了。就像认识到自己本就是自私自利的一样，我们也会更多地理解对方，有了理解，就没有了失望，也就真正接近了爱的本质。

　　放弃扮演感情里的受害者，尽早发现那个自私自利的自己，才是通向幸福生活的捷径。

"三个月死"的爱情魔咒

"你知道吗，这仿佛是一个魔咒。"玫玫用略显夸张的手势，在玻璃窗的反光下画了一个大大的圆。她咬着嘴唇，牙部的动作牵连出眼角的细纹，虽然有落日的映射，但眼神仍略显黯淡。

"你说我是怎么回事，从高中到现在，除了初恋时间久一点儿，其他的都没超过三个月，你说我到底出了什么问题？"

"那每一次让你结束一段恋情的都是什么原因呢？"

"都不一样啊。有的男人太自我了，到了三个月以后就暴露出来了；有的，跟别的女孩玩暧昧，被我踢出局了。其实这些男人一开始我都很喜欢，但三个月后发现对方不是我最初喜欢的那个样子了。"玫玫翻着眼睛回忆着。

"或许是他们好的那些特质还在，但随着时间的流逝，你发现他们不好的那些方面让你无法忍受。"我补充道。

"对对对！就是这种感觉。不过最后分手基本上也不是我一个人做出来的决定，好像是两个人都觉得不合适了，于是就不了了之地分手了。你说现在的男人怎么就不能对感情坚定一点儿？"玫玫叹了口气，苦笑了一下。

已经32岁的玫玫，经历过六七段正式或非正式的恋爱，但都卡在了神奇的"三个月死"。为什么会这样呢？在回答这个问题之前，我们需要先来了解一下爱情的发展阶段，接触过心理学的人都知道在爱情里有一个著名的"爱情三阶段"理论：刺激——价值——角色。

男女双方最初的吸引主要是基于"刺激"的信息，如年龄、身高、外貌等因素；接下来会进入"价值"的探讨阶段，包括做人做事的态度和信仰；随着感情的加深，最后会进入"角色"一致性融合的阶段，包括为人父母、事业、居家等方面的一致性。

随着阶段的发展，虽然两个人在一起的契合度越来越深，但分手的风险却一直存在。既然一个人有优点也有缺点，为什么我们总是在恋爱初期因看到优点而相爱，而在三个月后又由于缺点而分手呢？其实这和心理学上的首因效应有一定的关系，那么它是如何运作的呢？我们来看看下面的这个实验。

请对有以下特点的人做出判断：

善妒、固执、挑剔、冲动、刻苦、聪明

我们愿意让他做我们的伴侣吗？答案是否定的，对吗？那再看看下面这个人：

聪明、刻苦、冲动、挑剔、固执、善妒

印象好多了吧？这个人虽然不完美，但是他的聪明和上进吸引了你，是个不错的伴侣人选。可是问题在于，这两种描述只是以不同的顺序提供了相同的信息，发现了吗？

你不用责怪自己当初知人知面不知心。只是由于一开始相互吸引的刺激，让你只把目光聚焦在对方好的方面。但这并不代表那些不好的没有被你看到，只是你的潜意识选择了忽略而已。我们对人的初始判断会由于受首因效应和刻板印象的影响，忽略我们对其他信息的获取，但这种心理效应很难让我们不带偏见地去接受一个人的其他信息。

随着情侣间了解的深入，这些心理效应便慢慢失去了作用，此时我们便会发现更真实的对方。当然，在这种状态下，我们评判对方是否适合作为终身伴侣的可能性也比之前在首因效应的影响下更为客观。对于对方来说，也是一样的。

那为什么会有很多人在发现更真实的对方后，就直接选择了放弃呢？

我曾经在一本心理学书籍上看到这样一个公式：

值得拥有的程度＝吸引力 × 被接受的可能性

这条公式对任何恋爱中的情侣都适用。试想，如果我们对一个男生从一开始的投入到三个月后的失望透顶，自然或多或少会有行为上的表现。当对方收到我们的语言或非语言的"失望信息"后，也会相应地对自己做出评价。如果意识到自己被接受的可能性不大时，也许会主动放弃或者在行为上有所退缩，用以保护自己。毕竟这个阶段大家都是在试探，每个人都对对方的反应极其敏感，在捕捉到任何信息后，都会本能地做出保护自己的反应。

针对"三个月魔咒"，我在这里给出两个建议。

第一，接纳差异。大到信仰上的差异，小到一些鸡毛蒜皮的行为，都需要保持这种心态——当我们发现对方与我们的节奏不匹配时，我们对那份不匹配的接纳，比如，我们认为男朋友应该每天给我们打两个电话才是正常的表现，但我们交往的这个男人就是喜欢两天才打一个电话，我们不能单凭此点就做出这人值不值得交往的论断或者对他的人品做出某种论断，从而直接把对方"放弃"。其实在恋情中，更多的是放下自我，这也是一种能力的体现。

当然，接纳差异不代表让我们去更改自己的那部分差异，那样只是暂时的委曲求全而已。想想我们自己坚持了那么多年的行为习惯和信念就这样被改掉，多难为自己啊。即使现在改了，让对方能接受了，也不知道它会在别的什么时候冒出来给我们和伴侣的关系添堵，对伴侣也同样如此。所以，只需在共同的部分一起开心，保持住自己的差异部分，同时也接纳对方的差异部分，这样才会既快乐又不憋屈。

第二，给对方积极的肯定。许多人容易在关系深入后，就将自己的喜好都显现在脸上，甚至直接表达出来。从真实的角度来说，这没什么错。不过，谁也不会喜欢一个总是对自己挑毛病的人。说白了，要让别人喜欢我们，我们至少要多表达一些正向、积极的能量。比如真诚地赞美对方，认同对方，鼓励对方。

一个人如果被持续地发现身上的闪光点并因此被赞美，那么他整个人的状态就会变好，也会反过来更喜欢我们。其实，当我们持续地表达对对方的肯定时，也是在表达对我们和伴侣关系的肯定。另外，对方知道我们对他的接受度一直在提高，也自然会对这份感情更有信心。

需要注意的是，我们很多时候爱犯一个毛病，就是觉得对方的处理方式与我们不一样就是不对的。在这里，我只想套用一句电影台词：小孩子才讲对错。就算真的是对方不对，对于情侣来说，我们只要给对方一个好的情绪就可以了。至于对错，这是社会要去教他的，我们没有这个义务。

谁在"动"你的男友

有一位女孩在群里向我求助,她想知道男朋友送礼物多久回礼一次才合适。因为前一天晚上被闺密们"指点"过——指责她回礼太频繁不利于男人珍惜她。闺密们认为,恋爱期间要让男人付出相对多一些才是正确的相处方法。

不得不说,闺密们的这些说法在现代社会似乎是比较主流的说法,也有一定的合理性。当然,对于当事人来说是否妥当,就另当别论了。只是问题并不在这里。这位女孩与她的闺密们就此展开了一系列的讨论,据说闺密们列出了很多对女孩男友不甚满意的地方(假设的确是站在了女孩的角度考虑)。这女孩大动肝火,并与她的闺密们发生了剧烈的争执,最后不欢而散。女孩来向我求助的同时，也严重地宣泄了对闺密们的不满，并且无助地表达了现在不知道应该怎么看待对男友的困惑。

我们在交友过程中，经常会遇到这样的现象，我们一直视为知己的"闺密团"对自己的男友有诸多挑剔。虽说旁观者清，有闺密们在也能多几双火眼金睛，但有时闺密们的几句话却让我们非常难受。她们总是犀利地指出男友的问题，接着我们会向闺密们反击，然后立志用自己的浪漫爱情去堵住她们的嘴。我想说，这也许是个完美的结局。

但很多女孩，也许会因为闺密们的直言，无意识地进入审问男友的状态。尽管她表面上也在反驳闺密，也在誓死捍卫自己的爱情，可自己的信念却早已在不知不觉中动摇了。"这样的他到底值不值得我爱"的问题也会渗透到日后两人的交往中。如果心心念念到男友的举手投足，甚至一个微笑都要质疑的地步，总有一天会"心想事成"——让这个男人成为不值得我爱的人。

那么在这样的故事中，到底是谁"动"了我们的男友呢？

我经常会给她们举这样的例子，如果我对王菲说："你怎么长这么丑！"她会如何回应我呢？她可能一笑而过，认为我莫名其妙，不再理我，对不对？但如果我这句话是对一个本身就很普通且因此也不怎么自信的女孩说,她会有什么反应呢?可能我的这句话就成了夜夜纠缠她的"恶梦",接着我也可能被她拉黑。

这是为什么呢?因为我的话对一个本身不存在的问题构不成攻击。但对于后者,我指出了对方的软肋,使得对方会感觉受到了攻击。有一句话说得好:如果本身没有伤,也就不会有伤害。所以,到底是"谁"动了我们的男友呢?

我们本身就对身边的这个人充满了或多或少的怀疑,外界的一切声音只是一面回音板,将你心底的这些质疑又反馈给了我们,而我们还要举起锤子把回音板给砸了。其实,除了闺密,还有我们的父母、同事、朋友。如果我们心底对这份感情本身就有质疑,任何人以回音板的形象出现时都可能把我们的男友给"动"了。

那为什么会这样呢?如果简单地贴个标签,就是自信的缺乏。再进一步说,就是一种不自爱的表现。相信经常会因旁人的微词而对自己亲密爱人产生反感和质疑的人来说,他在生活或者工作中的其他方面,也会有类似的情况发生。于是,"别人的意见"渐渐就主宰了他们的生活。

我们经常说,女人要懂得爱自己,其实爱自己的前提就是自信。自信是一种力量感的体现，当一个人力量感不足时，她会期待甚至要求周围的其他人、事、物都按照她的想法和规则存在，若有什么不同的意见便会大发雷霆；相反，当一个人自我力量充足时，她便会无惧于外在事物对自我的冲击。自信是信赖自己有能力实现所追求目标的一种内在价值，当自己越有能力时，也就会越爱自己。越来越多的自信能带来越来越多的自爱。

那如何增强自信呢？自信的基础是能力，但是能力往往需要经过肯定才能变成自信。中国人的成长环境普遍缺乏肯定，尤其是在父母那里，我们没有学会关于"爱的肯定"。既然这样，大家就在同一条起跑线上。正因为这样，我们才要在"爱"里讨要那份肯定。听上去，这好像是一条悖论，因为往往我们越是要向外讨要就越是得不到，就像上面例子中的那位女孩一样。所以最好的方法，就是在爱中不依赖外力来练习，而是与亲密伴侣来练习彼此对爱的肯定。

自信的练习，并不是让我们变得麻木甚至不去看对方身上存在的问题，最好的方法是面对这些问题，我们彼此依然能接纳和包容，不让它们干扰到我们之间的爱情。如果能做到这些，我们就可以在培养爱的能力的正确道路上前行。

对此，我给案例中女孩的建议是：

第一，如果你的闺密都是未婚并且单身，建议你少与她们谈论或者不向她们请教关于两人相处的问题。可以向已经结婚多年并且家庭幸福的朋友请教，相信他们的建议会让你有不同的思路。

第二，当内心的质疑声升起时，去听听那个声音，是不是一直以来也是你自己的担心和恐惧。是的话，就坦诚地把这份担心温柔地拿出来和男友摊牌。当然，你的那份担心和恐惧也许只是你自己内心世界的投射而已，那是你自己的东西。与男友无关。如果不幸被你说中而男友也因此勃然大怒的话，那就看看你能不能去接纳那个真正的男友。

第三，多在生活中给自己积极的暗示。爱的能力不是一天习得的，需要彼此互相支持、鼓励。比爱情珍贵的不是你们两个人之间互赠的礼物，而是你们在一起坚定地走下去的信心。

看见攻击性后面隐藏的愤怒

确定要写这个题目,原本是因为最近手头的几个个案给我的启示。让人难过的是,我在自己的工作白板上写下这个题目的两天后,上海当地爆出了这样一条新闻:一男子手持玫瑰花向女子求爱,被拒后拔刀将其捅死。而当天下午我就收到了被害人是我一位朋友的消息,我足足懵了好几个小时。网上的新闻里放上了当天的监控录像,能看得见这个满脸堆笑的男人手捧着玫瑰向我朋友走去。而当她拒绝并径直转身后,这个男人掏出了早已准备好的匕首直接从背后刺向了她,连着好几刀。这段录像反复地重播着,也像匕首一样插在了我的心上。

玫瑰,匕首;讨好,攻击。

只是一个转身的距离。

我最近的一位来访者,告诉我这样一个故事:她在童年时因为父母离异而跟着父亲生活,虽然父亲也是爱她的,但似乎更爱她的后妈,偏偏她的后妈就是我们刻板印象中的那种"后妈"。于是小小的她,为了生存,只能做她后妈要求的所有的事情。可以想象,在农村,一个十岁的小姑娘在呵斥甚至凌辱中承包了家里的大部分农活,只为了换取一日三餐的情景。但这个姑娘一直不敢有任何的反抗。相反,在她的描述中,自己的父亲和后妈都觉得她是个很安静的姑娘,亲戚邻居都以懂事来形容她。姑娘长大结婚后,十年的婚姻生活,过得痛苦不堪。从一开始的琴瑟和谐,到老公的一次次出轨和家暴,再到老公彻底的冷暴力,她已经绝望到了谷底。

"我对他真的很好,他不应该这样对我的。"她只有32岁,却过得像40岁。

"你做了什么?他做了什么?"我看见她眼里悲伤的回忆。

"你知道吗,他第一次出轨,我二话不说就原谅了他。"

"你是说,你连愤怒都没有,你也没有指责和怪罪他?"

"完全没有。他跟我坦白后,我什么也没说。我想总要维护他的面子啊，就不跟他计较了，我应该包容他。可是后来，他越来越频繁地出轨，甚至经常不回家。有一次，我就突然向他吼叫，结果他就打了我。为了孩子，他做什么事情我都包容他，让着他，但只要我脸上有一点儿不开心，他就会继续打我。你看，这都是他最近打的。"

"你现在怎么考虑你们之间的关系？"

"我为他做了太多了。我是别人眼里的好妻子、好妈妈，他做什么我都忍着不吵。我对他这么好，他还要打我！我现在只想，只想……"

"你想离婚？"我试着读出她想说的话。

"不，"她抿了抿嘴，顿了一下，说，"我想杀了他。"

我想，她想杀的应该不只是她的老公，还有她的后妈，甚至她的亲生父亲。

我们在很小的时候弱小无助，需要外界的帮助才能成长。但我们的父母可能并不是理想中的父母，他们或忙于事业，或偏心其他子女，甚至就像这位来访者的父母一样，还要对她进行凌辱。可是我们无法改变，为了生存，只能选择讨好。轻则为了迎合父母，他们喜欢好成绩，因为这可以让他们在人前炫耀，因此，我们压抑自己想玩的心努力去获得好成绩，为了求得关注，我们不被允许表达自己的愤怒，只能处处扮演着乖孩子；重则委曲求全，就像这个来访者。

最初我们只是为了生存，但时间久了，这就成了一张面具，死死地戴在了自己的脸上成为"自己"。关键是，自己也已经不记得有这张面具了。于是，面对朋友、同事、领导时，我们都一直用这张脸。

这是一张充满讨好的脸。自己的愤怒、恐惧和委屈都在这张脸下面隐藏着。但即使如此，自己依然得不到别人的尊重。就好像陷入了一个怪圈——我们如果不讨好别人，就会感到别人不爱我们；但我们的讨好，却又会让别人越来越看不起我们；可有一天我们实在受不了了，我们把压抑在心底的愤怒真的吼了出来，而别人就会逃走；我们太担心别人会抛弃我们了，这种担心让我们不得不重新戴起我们讨好的面具，立刻跪在别人面前祈求他能对我好一点儿。可这只是新一轮悲剧的开始。

几十年来形成的讨好模式，如果不去勇敢地看见并打破它，只会让我们自己变得越来越有攻击性。若我们继续压抑那份攻击性，又将其转化成原来的讨好模式，那只是在酝酿新一轮的攻击而已。当我们是孩子的时候，那可能是我们的生存方式，但我们已经是成年人了，不能让这个模式继续在身上操控着我们自己。

所以，你不但要看见自己的攻击性，还要看见自己的攻击性后面所隐藏的愤怒，并恰当地把它释放出来。如果你心里有大量的愤怒，感知到自己的愤怒，合理地表达愤怒，是心理健康的重要标准。

此外，我还想说，如果身边有这样的人，如果他是你的朋友或是一位追求者，请你在意识到彼此不合适的时候，及早地与他保持距离。也许你的善良会让他有过度的依赖和幻想，一旦你被对方幻想成"理想父母"的替身时，你也可能要为他父母曾经犯下的错而买单。如果的家人或伴侣是这样的人，请用善良去发现那个"受伤的小孩"，用爱去抚平他曾经受伤的心灵，并且陪伴他慢慢建立边界、鼓励他勇敢说"不"，帮助他建立起成人的模式，这才是对他真正的爱。

得到爱的法则：先学会付出爱

"哎哟，感冒了多喝点儿水。"小A一边对着镜子涂口红，一边在微信上写下了这句话，她没有心思等到对方的回复，就关掉了这个对话框。接着，她皱起了眉，在自己的大学同学群里看到几个妈妈在谈论宝宝的教育问题。于是她开始摇着头打着字："你们这些当妈的，就是太焦虑，孩子有自己的成长规律，要好好开发孩子的天性，而不是天天耗费在奥数、英语和其他加分技能上！"然后把手机往桌上一扔。糟糕！她看了看手表，闺密的婚礼她已经迟到一个小时了，匆匆收拾东西冲出办公室。迎面撞倒了正在打扫卫生的阿姨，连忙把阿姨扶起来，再三道歉后出了门。

"你为什么说我没有爱？"小A坐在我对面，横眉怒目。

"你有吗？"我微笑地迎接她的怒火。

"你看我关心我朋友的身体情况，关心那些宝妈们被焦虑的妈妈带偏，我对搞清洁的阿姨都很关心体贴啊！我哪里没有爱了？"怒火已经蔓延到了我的边界。

"感冒多喝水这种常识你不说，对方一个成年人能不知道吗？你没做过妈妈，能体会当妈妈面对孩子种种问题时的焦虑吗？你能体会当家长的无路可选的那种无助吗？好朋友的婚礼不应该早早就去帮忙，或者至少应该为她高兴而准时到场吗？撞倒了阿姨，然后把人家扶起来只能说明你有礼貌，如果阿姨无家可归，你把人家带回家住，那才是有爱的表现。"

小A鼓着嘴，满眼的倔强："那什么是爱？"

之所以能有上面的对话，是基于我对她的了解。而类似小A这样的情况，在未婚男女中大有人在。很多人都在聊天中抱怨着：不知道见了多少人，就是找不到感觉；身边的人总有这样那样的问题，谁都不合适；相亲前先看房产证、驾驶证、学历证，结果还是能碰上人渣；经常把"××婊"放在嘴上，横竖看不惯比自己有异性缘的同类。

眼熟吗？你是否也是其中的一位呢？如果是，我只能告诉你：再这样下去，没人会爱你，你也不值得被爱，原因是你自己没有爱。

什么是爱？这个问题，我们很少有人真正了解。如果一个人从来没有吃过苹果，他会问："苹果是什么？"所以，不知道爱是什么的人，在成长过程中本身就没有得到过足够的爱。但这个人在出生的时候，身上的爱是完整的，让他缺爱的只是因为父母不懂得什么是爱造成的。

不知道还有多少人记得，从小到大的经历中，我们的脑海中无数次闪过这样的念头：他们是我的父母吗？我是不是他们捡来的？或者我也是被收养的？而当我们产生这种念头的时候，父母便会以爱的名义来"收拾"我们，他们嘴上说："我是为你好！"但满脸写着对我们的愤怒，只是因为一丁点儿的小事情。可是我们无力抗争，只能卑微地低下头——在接受了父母愤怒表达的同时，也丧失了爱的能力。

于是，我们学会了必须不做一些事情，父母才会不愤怒，我们必须去做另一些事情，父母才会高兴。而父母不会因为我本身这个人什么都不做而来爱我，因为我这个人本身并不值得得到他们的爱。

所以学习爱，需要环境的滋养。如果母亲有对父亲的爱，父亲用他的方式表达对母亲的爱，他们再共同爱着眼前的这个孩子，那这个孩子从小就能学会爱，并将这份自小就习得的爱有力量地回馈给身边的人。

那么，我们应该如何去学会"走心地爱"呢？

第一，就是要认识到自己缺爱来自原生家庭的影响，然后努力跳出这个怪圈。比如当看见母亲对父亲埋怨、挑剔时，记住那个画面，在自己面对男友埋怨、挑剔时，想想妈妈的样子，然后立即对自己喊停。接下来，最重要的是让自己做一些与妈妈不一样的处理方式，比如，温柔地表达自己的情绪。

同时，学会主动付出爱。找一个生活幸福美满的家庭，观察和学习他们在生活中爱的表达和互相滋养的共性，学习他们如何对对方真真切切地付出爱，而不仅仅是流于形式；敞开心扉，主动对朋友付出关爱，朋友生病，如果需要就去帮忙，朋友有困扰时，设身处地地站在他的立场感受他的痛苦，而不是高高挂起地教导；如果觉得无处可学，可以去养老院做义工，在互动中学会给予爱。

第二，常怀感恩之心，不去计较自己爱的付出。如果给予是为了换取获得，那只是在做生意。抱着这样心态的人，可能对方也在做着相同的事，那我们仍然不能得到爱。对任何形式的回报都去感谢——感谢老板每个月发薪水；感谢同事偶尔的小小帮助；感谢路人的一个礼貌性的微笑。时时感谢之余，爱就会成为自然的回报。这时爱就会像呼吸一样，自然不做作地发生。

第三，给自己足够的爱，不期待完美的男人或女人。要求完美的人是非常不可爱的人，得到的也是对方要求完美地对他，在这种互动下，爱的力量自然无法流动起来。想想我们现在每天置身于污染的环境下，我们也不会说："只有空气干净了，我才去呼吸。"一个对自己充满爱的人，在什么样的环境下都会有爱，就像在什么条件下都会呼吸一样。

很多人宁愿在电脑前抱怨得不到爱人，却从不去检讨自己是否付出过爱。不管你相不相信，得到爱的法则只有一条：要先学会付出。

Part 3
第三章

弥补缺失的爱：
要爱就要情感独立

想结婚,先与原生家庭告别

越来越多的事例告诉我们,如果一个人总是在亲密关系的相处中出现问题,那么就要先回到他的原生家庭中看一看——这个人与父母之间的不健康的关系对他后期的亲密关系造成了哪些影响和投射。也就是说,一个人与父母之间未完成的功课会对他以后亲密关系的稳定与持久产生相当大的影响。而一个人与父母之间的功课若没完成,便必须要在其他亲密关系中去完成,逃也逃不掉。如果我们在恋爱阶段修不完,那这份功课也会同样被带入婚姻让我们继续进修。

拿我自己来说,我的母亲是一个相当强势的人,在我很小的时候她就对我从头管到脚。长大之后,我变得特别讨厌别人对我指手画脚，管控一切。于是我对我先生的细节控就会相当敏感，虽然我先生已经相当注意了，但当他不自觉流露出来时，往往会让我们的关系立刻紧张起来。而更有意思的是，我先生的细节控恰恰又是从他的原生家庭习得的。

对于大多数单身人士来说，他们有大把的单身时光，这是人生中一段珍贵的与自己相处的黄金时间。如果我们在亲密关系中经常碰壁，建议我们利用这段珍贵的光阴，先去修复自己的原生家庭给自己带来的诸多创伤；在心理上，先与原生家庭告别，当我们学会自己真正成长起来的时候，我们的爱情之路自然会顺畅起来。

当然，我这里说的告别不仅仅是指断奶，更不是要你与父母断绝关系，而是不再过多地与父母纠缠。这份纠缠不是表面意义上与父母吃住一起，不够独立。有的人虽然与父母的关系非常疏远和冷淡，但内心却正因为与父母的关系有芥蒂才会保持这份距离，这也是纠缠。下面，我列举一些我所观察到的大龄单身青年由于原生家庭，影响亲密关系的案例。

第一种情况：很多的青年男女在选择自己的另一半时非常挑剔，总有罗列不完的要求，但其自身往往各方面条件也相当普通。

这样的情况是因为他们的内在力量不足，从而急于向外抓取，希望自己的另一半能在各方面补充自己内在力量上的匮乏。探究他们的成长经历，会有相当一部分人从小是在父母的严格管控下长大的。

从小父母就对他们进行了过多的干涉，在小小的家里有一堆"应该"和"不应该"的条文，他们从父母身上学会了别人"应该"如何对他们。而他们也由于当年被父母管控，而以父母对他们的评价作为定义自己的标准——如果父母认为他们好的地方，他们就认为是自己应该去做的，而父母不认同的部分，他们就会感到羞耻。

随着年龄的增长，他们会沿袭这套做法，用别人的标准来定义自己的成功。于是，在面对潜在的另一半时，总是要求他可以符合"主流的标准"，最好是一个在众人心中完美的人。这样的人，他们连自己都认识不清楚，就更不可能知道自己要什么样的伴侣了。

第二种情况：很多懂事的年轻人默默承受了父母负面情绪对自己的情绪的影响。最近有一个女孩子告诉我，她已经很久没有哭过了，自从有一次她的父亲对她说："爸爸没有本事，没办法让你过上好日子，才使得你那么辛苦。"当时，她觉得无比愧疚，那之后就无论如何也不会流泪了。

很多父母都会这样做，他们总是希望给孩子最好的生活，从而一直处在对孩子的亏欠感中。虽然孩子已经长大成人了，但父母的愧疚感却成了惯性，当孩子处于辛苦的状态下时，就很容易把父母的愧疚感给勾引出来。但是我想说的是，你应该放手让你的父母去经历他们人生中应该经历的每一份情绪：愧疚、愤怒和无奈。那都是他们作为一个人有权利去经历的。

如果因为父母的愧疚从而引发了自己的愧疚，你就要清楚地认识到不是你自己有多孝顺，而是你自己承受了父母不开心所给你带来的感受。所以，把父母所有的情绪还给他们，而你也无须被他们的情绪影响，毕竟那是他们的，不是你的。

第三种情况：有许多年轻人喜欢扮演拯救者的角色。当我们长大后，发现父母并没有我们小时候认为的那么完美，我们会不自觉地想让他们再回到我们小时候所认为的完美父母的状态里去，于是，当我们看见父母的问题时就想指出。我们会给父母提许多要求，许多也许他们自己也听不懂的要求，从而让已经年迈的父母感到惶恐和茫然。因为他们不懂你的要求却在努力地做，结果做了反而比原来更糟。其实我们有这样的期望，也是源于我们的自私，我们不愿意自己的父母不完美。由于我们很爱他们，所以希望他们做我们心目中的完美父母。但这公平吗？

以上的种种问题都会与我们自己的能量纠缠不清，从而影响我们的亲密关系。那我们应该如何摆脱这种困境呢？

对于仍然想对我们的生活予以管控和指手画脚的父母，我们要学会温和而坚定地表达自己的想法，既要肯定父母的爱，也要划清与他们的界限。我们可以说："妈妈，谢谢你那么关心我。我现在已经是成年人了，我需要有自己的独立空间，我会搬出去住，希望你能理解。"当然对这样的父母，也许一次表达是不能成功的，所以我们要学会持之以恒地肯定他们对我们的爱并表达自己的诉求，相信总有一天我们的独立生活会给父母好好地上一课，这也是他们人生中需要去经历的。

对于会用一些苦肉计来威胁我们的父母，我们要舍得让他们去演他们自己的戏。有一个姑娘的母亲，经常劝她的女儿结婚，虽说这是每一位为人父母都爱干的事，但这位母亲的行为却有点儿离奇——她经常在劝说的过程中就给自己的女儿跪下来，声泪俱下，可想女儿的压力有多大；还有一位母亲，经常思念在外地的儿子，于是她就不自觉地制造各种事件去吸引儿子的关注，不是摔跤进医院就是跟别人争执进派出所，他的儿子也由于只有这一位亲人而经常忙得焦头烂额。

以上的两位年轻人，他们的注意力都在自己的母亲身上，被母亲的这种纠缠耗费了大量的能量，从而也无法集中精力考虑自己的终身大事。

对于这样的父母，你的内心要更狠、更硬一些。舍得让他们去经历那些失望、痛心、难过，毕竟那些情绪是由于他们自己的欲望造成的，与你无关。而妥善的处理方式是积极地表达关心和爱护。当他们做出出格的行动时，要告诉他们：你们是成年人，照顾好自己是首要任务，而正因为你们是成年人，自己不会为你们的行为不开心，因为自己的首要任务是自己开心。这样坚持下去，父母就会在与你的互动中去学习和成长。

当然，也有一些年轻人察觉到父母对他们的成长产生影响后，会不断地指责父母，以此为借口，逃避自己的人生责任。毋庸置疑，这样的人在个人成长和亲密关系之路上会更为不顺。要学会接纳我们父母的不完美，这份接纳，也是跟我们自己和解。

作为一个独立的成年人，舍得让父母去受些苦，勇于与他们"告别"，是我们成长之路上必须要完成的任务。唯有这样，我们才有足够的内心力量活出自己，才能更清楚自己想要什么样的伴侣。

你是不是在"绑架"父母

强子是我一位女友的先生。在他们最近爆发的一次争吵过后,强子来找我诉苦。

"就因为她不让你父母来收拾她的衣橱?自己独自打包搬家的用品不愿意叫你父母插手?"我知道这些往事,"你希望她怎么样呢?你每次和她吵完架就去你妈那里告状,然后你妈就把她好好教训一顿。你还让她给你妈经常打电话问候,或像什么事也没发生过一样坐在一起吃饭?"

强子一定惊讶我怎么知道这么多,愣了片刻后马上反驳:"那我们做小辈的不是应该孝顺父母吗?这点儿小事和他们计较什么?他们这么大年纪了,让让他们不就得了!"

"恰恰相反,对父母最大的孝顺就是自己做个成年人,承担起自己的责任,让父母有他们自己的生活。我们要保障他们的物质生活,但更应该让他们精神自由。自己搬家的东西就应该自己收拾,而不是求着父母来帮忙;夫妻之间的矛盾就应该在两个人之间解决,而不是像孩子一样去告状;当夫妻因此有了矛盾,不是积极地想应对方法,还一味赖在妈妈的怀里批评自己的老婆,硬生生地把你自己的错误演变成了婆媳矛盾。在这点上,你是在绑架你的父母。"

"绑架?绑架他们对我有什么好处?"

"绑架他们,可以当你没长大的挡箭牌。"由于了解他们故事的前前后后,我才跳出咨询师的角色,直接犀利到底。

还有一位来访者的故事是这样的:这位姑娘断断续续地跟我诉说着她的原生家庭和她婚姻中的种种纠结。每次她在感情里犹豫不定时,总是会有父母出现在她的故事里。父母告诉她不能做的事和不能选的人,她就偏要去做、去选;在跟未婚夫为了婚房讨价还价时,父母跳出来和公婆理论;在她脆弱无力去支撑眼前的这份婚姻时,母亲陪着她住到已经没有男主人的新房里,完全代替了她先生的角色。看了一些文章和书籍后,她知道原生家庭是影响她亲密关系的一个重大原因，为此她很是烦恼。

"你习惯和享受被父母尤其是被你母亲操纵的感觉，对吗？"

"是的，我意识到这个问题了，我觉得我现在变成这个样子，就是他们无时无刻地干涉我的生活造成的，他们就是在绑架我！"

"是你在绑架他们吧！"我想她没理解我的意思，所以就劈头来了一句。

她的身体像过了电一样僵住了，右眼落下了一颗豆大的泪珠。

无论是强子，还是这位来访者，他们都不自觉地陷入了"绑架"父母的境地，这通常有以下几种表现形式：

我们很多人在没有开始心灵成长的时候，会无意识地被父母操纵着自己的生活，哪怕处理与伴侣的关系，也是依靠父母。在婚姻里，如果夫妻两个人都不够成熟，那基本上矛盾的爆发就是两个家庭、六个人的战争；就算只有其中的一方与原生家庭边界不清，还赖在母亲的怀抱里不愿意出来，那另一方就会在这段关系里感到疲惫。还有很多人顶着孝顺的帽子，把父母放到了炮口，明明是自己搞不定的问题，还要赖在父母的头上。

接下来，当我们开始心灵成长以后，我们意识到原生家庭对我们个人成长有很大影响时，尤其我们现在的许多问题是由父母造成时，就有很多人开始埋怨甚至怨恨自己的父母。把父母送上道德的批判台，用心理学的理论去评判，为的是一定要让父母看清自己的问题。然后让父母去痛恨、后悔曾经所做的一切。只是这样仍然不过瘾，他们一遇到挫折就会返回到这份痛苦里，恨不得回到家里把父母批判一顿。

还有一种情况，就是有些父母是自虐型或是管控型的，会利用他们的身份对我们的生活进行无孔不入的渗透，以至于我们完全被他们所操纵。但即使意识到这样的问题，即便在一次次被父母操纵后，我们也没有采取与父母划清边界的正确处理方式。即使嘴上嚷嚷着要独立，仍然在遇到困难时本能地跳回到父母的怀里求助。

典型的例子就是一些大龄单身青年们，一边反感父母对自己逼婚，一边还赖在家里衣来伸手，饭来张口。这样的情况下的你没有资格去指责父母逼婚，更没有资格指责父母操纵你。因为是你在绑架自己的父母，你的那些反逼婚的抱怨甚至心理学的皮毛知识，只是为了掩盖自己不想长大的借口而已。

以上种种，无论是哪种形式，不管是赖在父母身边不想长大，还是去否定父母，或者以指责父母来逃避自己的人生责任，本质上都是与父母能量的纠缠。当你与父母纠缠时，其实就是赋予了这股能量无与伦比的重要性，而这部分能量如果过大时，就会将你自己的能量挤走，于是"我"就变得很小了。当你意识到这一点时，就会用力地反抗：对抗和批评。

其实我们每个人都是一半来自父亲一半来自母亲，拒绝父母身上我们不喜欢的部分，本质上就是拒绝我们自己的一部分。想想看，你对父母的抱怨其实就是对生命说不，如果他们变成不同于现在的他们，那你也就不会是现在的你了。

父母不可能完美，他们甚至可能相当丑陋。我们会在心理上生他们的气。但我们要有足够的勇气诚实地面对自己。我们每个人的人生，最重要的任务不是花大量的时间去与父母的能量纠缠，而是直面自己，专注于自身的成长和发展。如果明白了这个道理，那就去做，别拿父母当幌子，别在父母当年给你造成的创伤里耍赖，更别拿父母当枪使。

活出独一无二的自己，从停止"绑架"父母开始。

伴侣或许是你对父亲形象的投射

我所在的单身群里有一位大龄姑娘叫秋子,刚开年就传来了她结了婚的好消息。在一片欢庆和祝福声过后,她整理了一段文字,是她的父亲在去年此时跟她的一次谈话,后来,她将这段谈话内容,存在了自己的手机里。如今这段文字公布出来后,真是令人感慨不已。

内容如下:

1. 我不想看到你一个人终老。

2. 每个人的青春都是有时效的,你不是特例。

3. 你不是完美的,所以你的伴侣势必也不完美。

4. 别再任性了,你走过的青春我也走过,你的见识和学识并不能指引你做出最正确的选择。

5.婚姻可以让你变得更丰盈。

6.这不是压力,只有亲爹才会和你唠这些实在的嗑。

7.我曾经很多个夜晚无眠,即使睡去也会时常有噩梦。这和你没有关系,只是我想到了你会不会一个人孤单地老去?女儿,你可以不懂我的心,但我就想告诉你一下。

8.我从来没催促你找男朋友,因为这个需要缘分,但你是否考虑过是不是自己的要求出了什么问题。

9.都说上海生活压力大,但这不影响人最本能的要求。

10.我希望你能体验一下为人妻、为人母的快乐、喜悦与烦恼。你事业的好坏和我没有直接关系,那取决于你的能力,但你是否有一个合适的伴侣,和我有直接关系。

好了,爸也只是今天和你唠这么多,以后不会再提起。

虽然只是短短的十条,但相信你也和我一样——在自己的大脑里浮现出一位睿智且饱含爱女之心的父亲形象。到底要对自己大龄的女儿说些什么,每句话说到什么份上,既能表明自己的态度又能不越界,告诉心爱的女儿人生的真相又不能让她觉得是在说教,相信为了这段谈话,秋子的父亲准备了很久。

我们这些看客无以言表，只能整整齐齐地在微信上列队回复：你爸爸好棒啊！

所有人都知道父亲对女儿成长的重要性。父亲是女儿人生中亲密接触的第一位异性，他的形象决定了我们对男性的认识，可能是健康的也可能是错误的。女儿从父亲的陪伴中明白与异性的相处模式；从父亲对自己穿衣打扮的反应中明白审美的标准；从父亲对自己的关注中获得被爱和被关注的力量；从父亲的感性表达中学会了了解异性的情感世界。

如果一个家庭中，父亲长期缺位或者漠视女儿的存在，女儿不但不会借由以上行为来了解和学习与异性的互动，从而在日后的亲密关系相处中出现障碍，还会由于父亲陪伴母亲的时间过短，不能很好地从父母的互动中学习如何健康地去爱。

更可怕的是，父爱不足的家庭，母亲往往会因为缺少寄托，从而紧紧地抓住眼前的这个孩子——要不用爱去吞没这个孩子，要不以爱之名去控制这个孩子。这样的家庭培养出来的女孩，可能会将对父亲的愤怒投射到任何一位异性的身上——亲密关系中的一点小小的摩擦就需要眼前的这个男友为她父亲曾经的缺位造成的伤害来买单。

父亲是女儿潜意识里建立结婚对象标准的那个人。在我小的时候，我的父亲每次晚饭结束后都会在饭桌边默默等待，最后将我的剩饭剩菜吃完；自己从小爱臭美，无论上学时还是上班后，早上都会在自己房里换好衣服出来问一下父亲的意见，如果父亲说不好看，我就回去换一件，直到父亲认可后再出门。现在想来，就是在这样的互动中，决定了自己的择偶标准：要找一个宽容、懂得欣赏自己的异性。

当然，我和秋子一样，也经历过将对一位好父亲的形象投射到任何一位潜在结婚伴侣身上的弯路。由于内心中对完美父亲的认定，注定没有任何一个异性会满足自己对完美伴侣的要求。还好，我们都在不太晚的时候及早明白了这个道理。

前不久我与闺密以及她的妹妹一起聊天。她们姐妹俩在抱怨完各自的老板后，突然看着我，若有所思地问："为什么我们俩一直以来都有和自己的老板相处的障碍，好像你从来没有？"我想了想，残忍地回复她们说："我的父亲一直在我身边，而你们的父亲没做到这一点。"

我们都知道父亲与女儿的关系决定了她们与异性的相处关系，却很少有人知道，与父亲的互动模式决定了我们与权威人物（领导）之间的关系。当我们咿咿呀呀学习说话的时候，当我们自己学会拿着勺子给自己喂饭时，当我们在学业上取得一点点进步时，我们从父亲看我们的眼神和表扬我们的语气中学会自我肯定；同时，我们也知道闯祸后看着父亲的脸色行事，哪些话该说，哪些话不该说，哪些行为会触犯一个男人的底线，又有哪些行为可以让眼前的这个满脸怒气的男人瞬间"扑哧"地笑出声。

我们从一次次的试探和反馈中，不但学会了和异性的相处，更明白和了解了如何与权威人物互动，怎样才能博得权威人物的喜爱。这些软实力，不是任何一本教科书上都会有的。

写到这里，不禁也要和秋子一样，感恩我们都有一位好父亲。同样，如果在情感过程中屡有障碍，那就试着去探索一下是不是将对父亲的愤怒投射到了眼前这个可怜鬼身上；如果你总是遇不到让你满意的人，试着去回忆一下是不是自己的父亲太完美了，或是对自己的父亲太不满意了。

去勇敢表达自己的感受吧

闺密坐月子，娘家缺人手，我隔三岔五会去打下手。有一日午后，她儿子突然开始哼哼叽叽，随即开始哭泣，闺密从睡梦中醒来，开始对儿子进行例行检查：先查尿布显示条是否变色（有排泄物会导致显示条由黄变绿），再用手指确认儿子是否饿了想吸奶（婴儿如果用嘴唇追踪妈妈的手指，则是有吮吸需求）。一切看起来都熟练无比。

有一点引起了我的注意，闺密检查到儿子确实有排泄物了，会立即温柔地对着孩子说："哦，宝宝拉了，好难受对吗？妈妈知道了。"确认孩子同时想吃奶了，她会喃喃地说："哦，宝宝饿了，宝宝想吃奶了，妈妈也知道了。"由于她同样的一句话反复说了好几遍，我在旁边无奈地看着她说："他这么小，懂什么呀?!"吐出这句话的一瞬间，我当即就有点儿恍惚。等伺候完这个小祖宗，我静下来后，才明白我恍惚的是什么。

在我还没有上小学前的一个夜晚，我躺在母亲的臂弯里看电视，突然母亲对我说："妈妈和爸爸离婚好吗？"我记得非常清楚，小小的我什么话也没说，只是一个劲儿地流泪。母亲看见我哭泣，就没有继续说下去，当然也没有安慰我。第二天，母亲跟隔壁的邻居闲聊时说起这件事，邻居阿姨似乎很感慨，可在一旁玩耍的我却听见母亲说："她这么小，懂什么呀！"这之后，虽然年龄在增长，但我在母亲眼里一直未长大。

之后很多年的成长里，当我有情绪时，父母的方式都是忽略、转移或者否定。当然他们是在无意识的状态下进行着这一切，因为这是他们从他们的父母那里习得的"正确方式"。渐渐长大后，我的亲密关系变得磕磕碰碰，总是很难将一段感情维持长久。有将近十年的时间，我都相信是老天为我安排的人还没有来到我的生命里。直到开始接触并深入学习了心理学，我才明白，从小被父母尤其是母亲否定的感受，是如何影响到一段亲密关系的质量的。

我们中的大多数人都是一样的，成年后的我们早已忘记"感受"是什么，一直以来我们都在学习"想法"。因为有想法的人被我们认为是有创意、有主见的成功者。虽然我们一直在阉割我们想法的教育下成长，但我们羡慕那些突破重围有自己想法的人，不管结果如何，有想法就是成功。我们耻于谈论自己的感受，因为从小当我们哭泣时，大人就会怒吼着或者嘲笑着对我们喊停，那时的我们只能住嘴，否则父母可能就不会继续爱我们。

在我们长期习得的概念里，谈论感受就等于懦弱。直到今天，在许多电视节目里，如果有人动情落泪时，旁边总有人会说："不哭，要坚强！"现在的我们，早已被剥夺了表达感受的权利。我们不仅渐渐不会哭泣，也离自己的其他感受越来越远。

在我咨询的许多个案里，有许多人在呈现她们在亲密关系中的对话时，无不体现了这一点。来访者只是抱怨对方无法满足自己的需求，经常用一些否定性的或者标签性的词语给对方定性，比如"他就是个自私的人""他压根儿一点儿也不关心我"。而在我继续提问"你当时的感受是什么"时，通常都需要好几次的引导，才能让来访者把自己的感受说出来。

在这之前，来访者要不是在批评对方，要不就是在评判自己。而一旦确认了来访者当时的感受，通常这也成了咨询的突破口。其实，在亲密关系中，冲突的发生也就是由缺失这一步造成的，而这一步是我们从小就没从母亲那里习得的。

最近在给一个组织做"如何更好地倾听"的分享时，我在现场举了一个例子，让大家说出故事中女主人公的感受。有一位高中男生直接回答："她就是个很作的人！"当我继续启发时，他仍然贴了一堆标签性的词语在这个女主人公身上，完全没有关于感受和情绪的任何词语。当午休时，他在饭桌上随口表达了一句："我希望我可以把自己的形象设计得再好一点儿，可以像我妈妈那样的女神！"他说这句话的同时，眼睛里充满了对母亲的羡慕和爱，当时我心里也暖暖的，这是多少有青春期孩子的母亲梦寐以求的眼神。

只是他话音刚落，他的母亲就马上回了一句："外在并没有你想象的那么重要，你看马云啊，冯仑啊，人家也都很朴素的……"众人马上体会到什么，马上七嘴八舌地安慰说："其实，你很优秀啊！你现在就很得体啊！你就是独一无二的啊。"虽然我也回了一句："其实你很为母亲的美丽而骄傲，对吗？"但似乎还未传到他的耳朵里，就被众人的热心反馈给淹没了。

妈妈读不出孩子的感受，孩子也学不会表达感受，长此以往，成人后的他们只会表达想法，比如"你是个绝情的人"这样的评判，而不是"你做了这件事，我当时觉得很受伤，我希望你可以更多关注我"这样的感受表达。试想，这不同的两句话，在亲密关系中发生冲突时，对方听到后，一定会做出不同的反应吧。这个过程，我学习了很久，并且现在仍在学习和巩固。因为想与自己的感受建立链接，真的不是件容易的事。

在这点上，也学心理学的闺密好好地给我补了一课，如果你在很小的时候，在自己都说不出自己的感受时，妈妈把你的感受说了出来，那你立即就会觉得被感知到，这份感知就是自我存在的基础。一个人的存在感，来自他的感受能被别人看到。如果他的感受没有被妈妈看到，他便会一直在意别人的看法，用别人对自己的评判来判断自己是个怎样的人，又或许更极端的是，他会做出种种奇怪的事情，来让更多的人看到他。

如果你够幸运，就像我闺密的儿子一样，遇上了一位不断碰触感受的妈妈，你就会有一个丰盛而灵动的自我。若你与我一样，缺少这份幸运，那你就要勇敢地去认识和确认自己的感受。无论发生什么，都要勇敢。无论是爱还是伤害，让丰富的经历去激活你的感受。当它不断碰触到你的内心时，你就要勇敢地把这份感受表达出来。当你不断表达后，你就会感受到，你的需要被人看见。你的存在不需要由别人来评定，你会在不断的表达中获得更多自己的力量。

你为何不愿成为妈妈那样的人

说什么话题能引爆大龄女青年的共鸣,群聊一天可以几千条而不尽兴,那非"妈妈的种种逼婚"莫属了!

在姑娘们的嘴里,妈妈们都以各种妖魔般的形象出现。

A姑娘漂亮能干,常被妈妈安排去各种相亲。屡败屡相,屡相屡败。每次相亲后妈妈都要给她复盘,结果无非是一顿训斥而已。A姑娘受不了,拒绝妈妈安排的所有相亲,拒绝与妈妈的沟通。最后妈妈拿出撒手锏:以死相逼!结果,被妈妈安排的七大姑八大姨轮番电话轰炸,情到深处,还扣以不孝的罪名。

B姑娘与A姑娘相比要温顺许多,从小到大不敢叛逆。因为抵不住妈妈失望后如泉水般汩汩的泪水,在成年后也被妈妈催着各种相亲。为了不受妈妈的苦情摧残只能一阵应付，而又不肯违背内心，终使各种相亲变成"见光死"。B姑娘每次对妈妈的要求都不敢违抗，没有力量和勇气说一个"不"字。

这样的姑娘和妈妈们，在我们身边比比皆是。很多女孩在集体抱怨时都会发出强烈的诉求："我永远不要成为我妈那样的人！"

对心理学有些初步接触的人，都知道原生家庭对我们的人格有着极大的影响。下面就让我们来看看妈妈对女儿成长的影响都有哪些吧！

第一，历史原因。由于所谓的"男女平等"，我们的父母基本都是双职工，这就意味着，妈妈要出去工作，太早就被迫亲子分离。现代心理学证明，在孩子3岁前，如果妈妈与孩子有两周以上的时间分离的话，就会对孩子造成不可逆转的伤害。孩子年龄越小，造成的伤害就越严重，甚至可能造成人格障碍、精神疾病。

他们普遍会形成一种人格特点——我不会有问题，问题都是别人的。这个问题在大龄青年身上特别突出，我嫁不掉、我娶不到都是因为男女供需不平衡；对方挑剔或种种难以忍受的问题；甚至一些心理学初学者，直接就把自己的问题都归罪于原生家庭。

第二，妈妈未完成的期待。很多母亲对孩子都有过高的期望，她们希望通过自己的孩子来完成她们年轻时未完成的梦想、未活出的自己，却忽略了每一个孩子自身的特征和需求。孩子在幼年时由于无力反抗，会将各种不满压抑进自己的潜意识。但成年以后遇到不熟悉的人，被带入相似的情景时，情绪就会喷发，将潜意识里压抑的种种不满全部释放，甚至连自己都无法理解，从而让女孩们出现了种种"作"的情景。这样的"作"对很多的男青年来说是无法招架的，而无法承受"作"的男孩自然会被女孩列入黑名单。

第三，缺乏安全感的妈妈。几乎从青春期开始，有些妈妈就开始跟踪女儿的行踪，监控女儿的交友状况，甚至偷看女儿的日记。而每次被女儿发现后，却被妈妈们冠以"爱"的名义一顿教育。很多母亲由于自身安全感的缺失，潜意识中总是担心女儿会被男性伤害，于是就用隔绝的方法来杜绝女儿被伤害的可能性。比如不给女儿买漂亮衣服、否定女儿的女性特征等。还有的母亲出于对自己的担心在下一代身上重复，就会变相打压自己的孩子。

我的母亲，在我青春期时就一再告诉我"你长得很丑"，这对于青春期的我来说无疑是一种自信的凌迟。直到学习了心理学才明白，其实母亲是通过打压我，来表达对她自己样貌的不自信和对基因遗传的担心。

第四，不良的夫妻关系。这是所有原因中的重中之重。我环顾所有母女关系紧张的家庭，女儿从小都没有沐浴在父母有爱的环境中。无论是紧张的、平淡的，还是麻木的夫妻关系，弱小而敏感的女儿都能感受得到。

即便是有些父母声称为了孩子不离婚，但紧张的气氛仍然能被孩子嗅进肚子里。渐渐长大的女儿发现，妈妈不被爸爸所爱或者妈妈总是跟爸爸吵架，是因为妈妈有一个致命的弱点：妈妈没有魅力或者能力来获得男性的爱。女儿从小没有看见相爱的夫妻是怎样的相处模式，只学习了一堆争吵或冷淡的相处模式。她不知道怎么走进亲密关系，因为她潜意识里带着一份对亲密关系的恐惧：我不要成为我妈妈一样的女人。

女儿对母亲的反抗，本质是害怕自己陷入像母亲那样的生活，她希望创造一个有爱的新世界。她容易被母亲惹怒，恰恰是因为她对自己并没有太多信心。她害怕这个对自己一生最有影响力的女人真的影响了自己，并在潜意识里害怕自己终究会变成另一个她。如果这时候妈妈还以过来人之名，苦口婆心地给女儿灌输所谓的正确择偶观时,她只能收到女儿潜意识的反抗,此时女儿心里只有一句台词:你说的这些有什么用?你自己都不幸福。

母亲对女儿逼婚的潜台词是:希望你能活出我的样子,弥补我的遗憾。

女儿对母亲抗婚的潜台词是:我不要成为你,我不要活得像你一样。

那我们该如何应对在这场反逼婚的拉锯战中暴露的问题呢?

第一,接纳我们的母亲。其实我们的母亲这一代,生活已是相当不易,她们面对当时不富足的生存环境,已经做了自己最大的努力。我们要面对的,只是时代的差异在我们身上产生的强烈冲突。更重要的是,不要试图去"帮助"母亲,如果我们与母亲站在一起,为争取她的权利和爱情与父亲去争斗,那是在越界,你的行为和你母亲逼婚的行为没有本质的差别。所以,要学会接纳你的父母亲,相信以他们的智慧,一定会过好接下来的人生。

第二,与父亲达成一致。相对来说,家庭中父亲会更淡定和理智些,将心中的苦衷与你所观察到的原生家庭带给你的影响,平静而不加责备地告诉你的父亲,获得他的理解。无论父亲与母亲的感情如何,要相信他们风雨与共这么多年,一定有他们独特的相处和沟通模式。而且他们都是爱你的,更何况你是父亲的小棉袄。

第三,转移视线。这是一种非常好用的方法,你只需要花点儿小钱,让父母一起去旅游,或者让他们一起去参加心灵成长班,让他们有更多的时间去关注一些对他们看待你的问题有帮助的事情。他们有了自己的圈子,就没闲工夫想你的事了。

第四,自己改变态度。将对母亲逼婚的抵抗的精力转换成积极认识异性的动力,收回自己投射到异性身上的对原生家庭圆满的期待。客观、宽容、积极地去接触新的异性,给自己更多的机会。

从母亲的限制中解脱

"看着吧,你如果不听妈妈的话,总有一天你会倒霉的!"
"我告诉你他不行,你们总有一天会分手的!"
"你早晚会后悔的!"
……

作为女儿的你,听着是不是很耳熟?在我们的成长过程中,母亲扮演了重要的角色,我们对这个女人充满了深深的爱恋;同时,母亲的这些话语也深深地影响和控制着我们。有一天我们突然发现,这些令我们刺耳的话都成了事实——我的确倒霉了、分手了、后悔了!我们恨自己的母亲出言太毒,又感慨自己的母亲未卜先知。其实这一切都只是潜意识在作祟而已。由于女儿对母亲深深的爱，致使女儿在内心深处就按照母亲的话语安排着自己的人生，从而将母亲的操控成功实现！

母亲的话语其实只是个把戏，它利用了你的罪恶感和恐惧心理，但这个把戏并不具备左右你未来的能力。认真，你就输了！

第一，母亲的唠叨和操控，会真的扼杀女儿。母亲如果总对自己的女儿说不，女儿自然会感到被母亲操纵，甚至觉得自己失去了在社会上自立的勇气。还有些母亲由于过度担心自己的女儿，不但在口头上控制着自己的女儿，还会时刻跟踪和留意女儿的行动。

如果自己所做的一切遭到了女儿的反对，母亲就会变得无比焦躁。母亲之所以对女儿的控制欲如此强烈，或许是因为在母亲心里，女儿不仅仅是个孩子，还是自己的"私有财产"。如果女儿不够强大，就会在母亲不断的唠叨之下变得失落、焦虑，从而失去自信，女儿的人生也会按照母亲的安排去实现！说实话，这样的母女关系，在当今社会太普遍了。

我的妈妈也曾无数次告诫我："工作那么努力干什么，还不如嫁个好人家！"这是她们那个年代的人的认知。30年前做母亲的人，她们所处的环境相比现在而言单纯许多，她们并不需要面对现今的高房价、高压力,当然她们也不像我们一样有机会受到良好的教育。

这整个30年间,女性在社会上的角色发生了本质的变化,从而也决定了在家庭中角色的转换。但大多数母亲会以自己固有的价值观和经验来衡量自己的女儿,虽然这些衡量是源自母亲对女儿深深的爱,但由于自己对女儿所处的真实环境不够了解,很可能会误导女儿的人生,从而让女儿无法在她属于的这个时代活出真正的自己。

第二,对母亲真正的爱,不是一味顺从,而是活出自己的幸福。

首先,我们要了解,母亲也仅仅是一个普通女人。母亲的意见当然是为了女儿好,但她的意见与普通阿姨的意见并没有什么不同。与其受控于母亲的安排,被母亲操控自己的人生,最后反过头来埋怨母亲,不如冷静分析母亲到底是个什么样的人,她有什么样的人生经历,她为什么会获得现有的人生经验。其实母亲会说这样的话,可能也是因为当年她的母亲对她说过类似的话。

我回忆自己的经历,在三十岁之前这段时间,就处于非常反感自己母亲操控的阶段,但不自觉地发现母亲的话语都成真了。因此,内心对母亲有点儿小小的崇拜,同时又夹杂着许多的怨恨。我自己花了许多年时间，去摆脱母亲对我言语上的控制，这条路走得非常艰辛，因为女儿在潜意识里是无限忠诚于自己的母亲的。所以即使意识上在反抗，也会在潜意识里按照母亲的话去安排自己的人生。

等到三十多岁后，我才开始认识到，是母亲的经历让她说出那样的话。我一直受控于她的经历所制造的话语，却没有在自己的经历的基础上活出自己的样子。与其等认识到这个真相后去怨恨母亲，不如早早认识到母亲的局限性，用自己的双手去书写属于自己的人生剧本。

其次，摆脱控制，划清界限。小时候，你需要依赖母亲而成长，但如果你已经自立，还是被母亲控制，只能说明你内心还没有成长为大人。当你理解母亲只是个普通女性，母亲对你说的话只是出于她自己的人生经历，并且是在充满对你的爱的前提下说出的，那你就可以坦然接受母亲的这份"具有人生局限的爱"，对她说声"谢谢你的爱"，不带有任何罪恶感地摆脱母亲的爱的控制，这是最佳的方案。

在这个过程中，你可以通过这种方式，让母亲再一次得到成长。对母亲的孝顺有许多种方式，并不是一味地顺从才是最好的方式。了解到母亲的人生局限以后，学会温柔而坚定地拒绝母亲的善意，同时通过这样的拒绝让母亲得到成长，这才是孝顺的最高境界。

最后，独立成长，活出属于自己的幸福。其实，母亲最大的心愿就是女儿顺利长大，成为能独立照顾自己的人。所以女儿在成长的过程中，只要看清楚这个大目标就好。

很多女孩子到了三十岁还愿意留在母亲的身边，本质上也是对母亲心愿的否定。虽然有的时候，你会面对"你自己都不会照顾自己，怎么能独立"的要挟，但你要相信，自己只有先离开母亲才能学会独立，所以不必在乎她这时候说什么。勇敢地离开母亲，才有可能找到自己的幸福。如果女儿被母亲的眼泪牵绊，留在母亲的身边，那只会让母亲日后为自己流下更多的眼泪。走出原生家庭，创建自己的家庭，获得属于自己的幸福，才是对母亲最好的报答。

如果有幸，你能让自己的母亲也读到这篇文章，希望她能看到：

对女儿妄加评判，其实是不了解自己的女儿。现在这个年代，母亲对女儿的人生参考最多到高中阶段。真正能影响女儿的是母亲看待人生的态度和遇到挫折时的心态，这些品质会让女儿受用一生。时代不同，你不了解女儿现在所面临的辛苦，用自己的老观念去评判甚至指挥女儿，真的是不合时宜了。

给女儿自由，是母亲所能给女儿的最大的爱。女儿所面临的世界，作为母亲可能无法理解，所以请不要再鞭策精疲力竭的女儿了。让她在你面前真实地展现脆弱、憔悴和无力，用更多的"允许"去代替"不行""不能""不可以"。

好好享受自己的人生。可能你曾经被自己的母亲限制了自由，没有在你有限的人生里活出自己的精彩，那不如在给女儿自由后，也给自己多一点儿精彩人生的可能性。另外，如果你的人生早早被自己的母亲操纵了，那就不要在接下来的人生中被自己的"对女儿的担心"操纵。把重心转移到自己身上，是对自己，也是对女儿真正的爱。

其实，母亲不想为难女儿，女儿更想好好地爱母亲。既然都是深爱，何不一起成长？真正的爱，其实就是给对方自由，让对方真正活出属于自己的精彩。

Part 4
第四章

给自己安全感：
别人都是为你来

不安全感作祟的分手

我的生活中有两类女朋友，通过她们在爱情中玩的游戏，我看见了从前的自己。不得不说，虽然我们是不同的人，但都爱玩相同的游戏，只是玩游戏的阶段不同而已。当我把这份观察带到更大的范围时，发现原来大多数青年男女都热衷于玩这两类游戏，下面我简要介绍一下这两类游戏的运作方式。

第一类，女主角与男主角相爱，投入时干柴烈火熊熊燃烧，身边所有的人都被这美好的爱情感染，"羡慕嫉妒恨"地祝福着他们二人。但不久之后，就传出女方宣告分手的消息。一段时间之后，又传来男方把女方追回的消息。可游戏没那么简单，女方再提分手，男方再追回；再分手，再复合……这仿佛已经变成了计算机的固定程序，总是按照这个模式运行。围观的群众也觉得累了，故事中的男女主角也疲惫不堪。

第二类，女主角往往资质不差，属于白富美，身边也总有若干追求者。这样的女主角让人产生迷惑，因为过段时间她身边就会有新鲜的男性面孔出现，让一些资质平庸的女孩气得干瞪眼，尤其是那些乍一看也都是可以嫁的男孩。当问及这类女生，为何换人如此频繁时，往往被告之"不要紧，追求的人多，跟这个不合适，我还可以再换下一个，总能遇上我的灵魂伴侣"。

第一类女主角是因为心有不甘。明明爱着男友，却又对男人身体中的那个坏孩子不满，为了更好地保护自己，所以只能主动提出分手。但分手的背后并不是真正想分手，她只是用"分手"的决定来表达对男友没有满足她期望的愤怒。她期待的并不是真正的分手，而是男友把她追回的过程。这样的过程好像很无聊，但对女主角的意义在于：她可以从这个过程中知道她对男友是有价值的，男友不可以没有她。

第二类女主角看上去比较自信——反正这个男人身上的缺点我接受不了，我就自动换成另一个。对于我来说，我有大把的人可以选，对于别人来说，也不耽误人家找人生伴侣的时间。

虽然我将这些定义为分手游戏，但我必须要说这两类游戏的主角，并不是抱着游戏的态度在玩，她们在感情上也是认真的。正因为如此，前一个女主角希望自己的价值被男友肯定，所以就要经历种种分手考验来证明这个男人对自己是真爱；后一个女主角认为世界那么大，总有适合我的人，所以不能浪费彼此的宝贵时间去寻找那个"对"的人。我们能从第一类女主角身上感受到她浓重的不安全感，其实第二类女主角所谓的自信也源自不安全感在作祟。

当一个人的内心有强烈的不安全感时，她就像一个嗅觉灵敏的猎犬，闻到一丝不和谐的气味，就立即提高警惕。本身可能只是男生一个不经意的疏忽，或者男人与女人不同的思维方式而已，但这样的气味被女人解读为"不爱"。准确地说，就是女人内心的不安全感投射出来的幻象，而并不是事实。女生认为男人没有满足她的期待就是不爱她，于是她提出了分手；女生认为这个男人不是那么符合她的要求时，就频繁地换下一个。

这样的分手，其实只是为了追求一种掌控感。

她们共同要表达的潜台词是：只有我可以控制我们感情的发展，如果感情完蛋了，那也是我甩了你，而不是你甩了我。

第一类女主角在突然经历爱情的美好时，由于内心的严重不安全感，会对这份爱情产生怀疑——这到底是不是我要的真爱？于是，她心中就会想象出各种可能，然后捕捉到男主角身上任何"不够爱"的信息，来证明这份感觉可能就是幻象，如果找不到，那她自己就会去制造，她会想出各种各样的方法去挑战对方，让对方不断地出示"爱她"的证明。于是分手后的追回，就是"足够爱她"的有力证明，最终使她内心的不安全感被男主角的行动安慰。

然而，这毕竟治标不治本，一段时间之后，女方由于内心的需求，会再次上演分手游戏，多次上演后，就会让男人越来越疲倦。男人终于有一天不再继续这个"追回"的游戏。女方从而真的得到了她想要的答案——他真的没有那么爱我。

我们平时观察到，男人与女人相比，安全感会更强一些。一般来说，安全感与不安全感，多是一个人在3岁前与妈妈的关系中形成的。那个年龄段，孩子的任何一个愿望，比如吃奶、撒尿都需要被母亲及时满足，如果这份满足感被忙碌的母亲疏忽和延迟了，就会为孩子种下不安全感的种子。同时，如果在这个年龄段母亲是缺席的，那孩子就极有可能受到极大的心理创伤。

一般来说，具有不安全感的人，在平时的语言中也能透露出来。他们会喜欢"绝对""肯定""不可能"这样极端化的词汇，因为他们本身就追求极致，不喜欢中间地带。在两个人的相处中，她也很难处理好与孤独的关系。她认为两个人在一起才是应该有的状态，而且那个人在她身边时，就必须全神贯注，如果开个小差甚至拿着手机打游戏，都是不爱她的证明。

如果一个人在婚前无法处理好自己的不安全感，那她在婚姻里仍然会向自己的伴侣进行投射，亲密关系也会受到一次次的挑战和伤害。那时，就不是"分手"那么简单了。

那么，如果认识到自己是个缺乏安全感的人时，应该怎么办呢？

在解决这个问题之前，有一个前提必须要知道——安全感是自己给自己的。

首先，女人要学会自立。我们大多数优秀的女生把这条只理解为经济独立，其实远远不止于此。人最重要的就是人格独立，即我的幸福与否不以你对我的态度而决定。通过观察你会发现，往往一个有魅力的女人，无论她身边的男人在或不在，她都有能力让自己过得有声有色。反而男人会牵挂着要经常回到这个女人身边。

其次,要从心底相信自己才是自己命运的主人。无论什么人来到我的身边,我不仅可以继续让自己幸福,同时我也可以让你和我的关系越来越亲密。因为我的命运是我一手创造的,所以即使是一手烂牌,我也可以把它打赢。

再次,要勇于面对真实的自己。世界上最熟悉的陌生人其实是自己,有些人可能穷尽一生,也没有机会去真正面对自己的内心,或者说她害怕和逃避去见到那个真正的自己。当一个人勇敢地面对自己的伤痛时,由于这份"看见",她的那份伤痛会慢慢消失。

最后,让自己重复经历那些成功的事件。一个人无论社会地位如何,他都有机会经历成功,比如成功瘦身10斤。这份成功瘦身后的感觉能增强人的安全感,那就去放大或者多次经历它,让自己的不安全感可以经常被成功的愉悦填补。

说实话,不安全感,尤其是由原生家庭带来的不安全感,可能需要用一生的时间去疗愈。但是,看见它,面对它,就是疗愈的开始。

告别旧日恋情的正确姿势

曾经遇到过这样一个女孩：她与男友分手一个月后，开始暴饮暴食。明明知道变胖对自己不好，但仍然控制不住自己的嘴，甚至吃到吐。基本上心情不好的时候，她的处理方式就是唱歌和暴食——在与我的一次沟通中她特意强调。她是属于那种有追求，肯拼命，整天忙碌工作的女孩。她认为：成功之前做应该做的事，成功之后做喜欢做的事。所以她一直在坚持，一直在打拼。早早地，就把兴趣、爱好都扔在了一边。

说实话，对于这样的女孩，我很难三言两语就让她明白道理。因为从她的描述中就可以看出，她的脑、身、心，不能保持和谐一致。如果在她的头脑和身体继续维持割据的状态下，跟她分析道理，是很难有所改变的。

每个人在失恋后都会有一段情绪缓冲期，人们会通过各种方法来宣泄自己内心的痛苦。一般来说，我们会为了使自己不依附于某个人，强迫自己依附于某种事物，以至于不停地进食、购物、阅读。简单地说，就是不断地得到新的东西，去填补那份失去的感觉。

那为什么有人会专注于"吃"呢？在婴幼儿时期——常在一岁左右的年龄，口是生活和兴趣的中心，也是婴幼儿认识世界的手段。弗洛伊德认为，这一时期人主要的需求是获取口唇的满足感。无论这个时期是过度满足还是未被满足，都会在成人后出现一定的人格障碍，比如过度依赖他人，容易与他人争论、争吵等。

最近，我对身边失恋后暴饮暴食的现象做了个调查，发现停留在这一时期的成人往往在现实中会出现易怒、爱争论等现象。所以，这一类人在失恋后的本能反应就是去吃，用吃来排解心中的愤怒和痛苦，吃得越多，越可以让自己避免过多地去回忆失恋这件事。严重的患者，会把自己吃得越来越胖，甚至让整个人都变形，以此从心理上来否定自己不是那个正在失恋的人。一般人，可能会由于厌恶暴饮暴食之后发胖的自己，而慢慢地停下来。可从这个女孩的表述中你会发现：她不尊重自己的身体。

我的一个朋友曾经转述过这样一段话：身体是汽车，头脑是驾驶员，心灵是目的地；驾驶员很强硬，目的地也没选好，汽车就会出现故障，因为走的都是泥泞的山路。

案例中的女孩认为，为了工作她就需要拼命，由此可以牺牲掉自己的兴趣爱好。但她没有说出的是：她也一直在牺牲自己的身体。无论在恋爱还是工作中，她一直不怎么尊重自己的身体，甚至超负荷地消耗自己的身体。

她为了她所谓的"成功"信念，牺牲掉所有的一切，这些都是她强大的大脑在指挥。她的身体一直在被驾驶员开着，并且超载运行。而当大脑受到外力冲击发蒙了之后，身体便开始抗议。在还没有找到心灵目的地之前，身体只是一再地提示：你以前对我太不好了，现在你该喂饱我了！并且由于女孩长期将自己的身体感觉和头脑隔离，把自己搞得就像一个绝缘体，所以身体吃再多，她的头脑也收不到吃饱了的信号。就这样，她只能任由身体在这段时间进行报复。

这样的人，在我们身边比比皆是。他们并不知道自己的脑、心、身并不和谐。这样的人通常只生活在自己的头脑中，在头脑中有自己的规则和信念，神圣不可侵犯。一个只生活在自己头脑中的人，身体将逐渐干枯。情感也会和身体一样，变得简单、僵硬，不容易有感染力，也更不容易被别人感染。

要解决这个问题，不是说在意识层面知道暴食是一件不好的事情就行，真正解决的关键在于要让脑、心、身和谐一致。必须要学习如何让头脑和身体可以合一地学习和觉知，学习与自己的意识和潜意识进行沟通，放下我们的头脑对自己的身体甚至心灵的控制。

失恋后，究竟怎么做才是对身体最大的尊重呢？其实很简单。失恋原本就是一件伤心的事情，所以尊重你的情绪和感受是最重要的。无论男人还是女人，在失恋后宣泄的途径有很多。比如哭，痛快地哭，或者拿起抱枕用尽力气摔打，或者在跑步机上狂奔。总之，你的身体需要找个地方去发泄。放下头脑的控制，让身体自己做主。

接下来，如果需要，你可以找一个好的倾听者，把对这份失去的委屈和不甘都吐露和宣泄出来，当然这个倾听者也可以是你自己。你只需要在倾诉中去经历脆弱，你经历得越深，可能越会发现从前掩埋在记忆深处的脆弱，会发现那些脆弱所给你带来的羞耻感深深地影响着你。而唯有经历、发现、重新经历这样的一个过程，才能让你自己完整地疗愈。

这个过程到底要多久，真的说不好，因人而异。只是我知道判断它结束的一个标准，就是你不但接受了恋人的失去，你还从深入的觉察中体会到了这个人和这段经历给你带来的收获。也就是说知道他带给了你什么，并且让你明白了自己一直以来在逃避着什么，那就是这份失去带给你的意义。

实际上，任何一段关系，它出现在你的生命里，都肩负着这样的使命。只是一直以来，你都活在这个人和这段关系所制造的"事情"里，而没有看见它给你的启示是什么。

一份没有经历过心碎的爱，可能一开始就不是爱；但如果一份深挚的爱在结束时，不能以正确的姿势与它壮烈地告别，那就是对这份真爱的不尊重。

择偶标准是个伪命题

我的红娘朋友跟我诉苦：一位各方面硬件都优秀的1979年男生，在向红娘表达求偶意愿中，坚持要求女生必须要满足30岁以下的标准（其他条件可谈）。经红娘多次沟通，该男生都只坚持这一个标准。后来红娘用了将近一年的时间，为其介绍了诸多符合此标准的姑娘，但该男生都表示各种看不上。

在近日的一次交友活动中，该男生与一位姑娘迅速来电，坠入爱河。看到这样的结局，红娘摇着头说："他看上这个姑娘的时候，压根儿不问人家是哪一年的，哪怕最后知道人家已经35岁了，也没有一点儿动摇，真是让我白操心了。"

我问红娘："那你有没有问过他为什么要坚持这个标准，以及为什么可以为这个姑娘放弃坚持这么久的标准吗？"

红娘无奈地告诉我："这也不是第一个了，这些大龄青年们一开始总是固执地坚持所谓'不可动摇'的标准，但最后修成正果的基本都会放弃这个标准，而人家一句'缘分啊'就完事了。"

在单身群里我也经常看到关于"择偶标准"的讨论，每个人都七嘴八舌地说很多，总有人最后会说人品好是最关键的，基本就把这个话题给收尾了。但在实际的咨询中，我发现没有一个人认为只要人品好这一条就够了！他们会由一开始的3个标准，慢慢地说到N个标准。由一开始遮遮掩掩地从人品说开，到最后终于把自己的物质要求抛出来。对此，我特别理解我的那些热心的红娘朋友们，在择偶标准这一点上所经历的周折和浪费的时间。

当然，也有一些女孩是拿择偶标准来当挡箭牌的。这些女孩在见了符合她要求的男生后，仍然会挑出一些对方的毛病来，比如家庭背景、房子、长相、身高、谈吐、买单积极不积极、牙齿上有没有菜叶，等等。

对男生挑剔多的女生，自我感觉都很好。因为当她们在向红娘诉苦或者在群里抱怨的时候，都能让人透着屏幕感觉到那种颐指气使和高高在上的霸气，仿佛她们拿这些男人出来说事的背后，只是为了显示自己多有本事。因为我优秀，他有这么多问题，所以他配不上我——这是她们所要传递的潜台词。

其实，不管是我们曾经固执坚持又轻易放弃的那些标准，或者口是心非言不由衷的那些标准，抑或是到处挑剔对方来炫耀自己的那些挡箭牌，这些表象都是因为对自己的不了解——因为我根本不了解自己，所以我不知道什么人适合我；因为我连自己的优缺点也列不出，更列不出我需要什么样的人；因为我没有看见自己的不自信，所以才会拿种种标准去挑剔别人。

我们都希望能碰上完美的恋人，但现实告诉我们只能挑几个标准来衡量。我们想拥有完美的恋人，只是想弥补内心缺乏的安全感——我们总幻想越接近完美的对方，越能补足自己的安全感，如果遇到的人无法与这样的人相匹配，那我们就会用"他们配不上我"来安慰自己，并且为了安慰自己这是事实，而继续坚持那些自己也说不清的标准。

幸运的是，我们最终会碰上那个人，他会让我们突然觉醒，为了他，"所谓的标准"都可以放弃；但如果不觉醒，就只能在恶性循环中继续蹉跎岁月。

所以，问题还是在于自己。如果想要明确自己的择偶标准，你就需要做到以下两点：

第一，列出自己的、父母的、以往恋人的优缺点，然后将你们之间重合度最高的优缺点挑选出来。优点就是作为择偶标准的备选，建议你最终列到只剩三条。我相信这三条内容里最难列的恐怕就是你自己的优缺点吧。有些自信心不足的人会卡在优点那儿，而自信心强的人会将自己的缺点合理化成优点。无论哪一种，其实都是无法接受和认可真正的自己。我们常说爱自己，其实不仅要爱自己的优点，也要接纳自己的不足。

如果我们不喜欢真实的自己，我们就会对"她"进行批判或者折磨，对"她"视而不见，让那个"不好的自己"躲起来。同时拼命把"好的自己"展现给别人。但是，这样装下去，根本就是在浪费自己的时间。

第二，我们再来看看那些缺点，不管是自己的、父母的，或者以往恋人的，有哪些缺点是你绝对忍受不了的。把它们列出来后，好好想想，为什么这些缺点对于你来说是不可忍受的（可能别人就会觉得这些并不重要），这些缺点背后是不是有你以往生活经历的创伤？或许那些创伤来自你的父母，比如他们没有给你提供一个有爱的环境？或许那些创伤来自你以往的恋人，比如他做出过对你伤害很大的事情？把那些原因一一写下来。

　　这个过程特别重要，你最好在一个安静的环境里独立完成，当你把这些缺点背后的原因一一列出后，你对自我的认知和分析就又近了一步。这样做可能会有两个好处：你在列出原因的过程中，会伴随着情绪的释放而渐渐释然，因为你知道那些所谓的不能接受的缺点，可能只是来自你以往的一段经历，而你已经调整好自己去放下那段经历，也放下这个标准；或者你仍然要坚持这些标准，但这个过程已深深地映在你的脑海里，当你和你未来的恋人因为这些缺点发生争吵时，你会明白原因出在哪里，你也会知道应该怎么去做。

　　最后，希望你在列这些标准的时候，能放宽再放宽一些。不要因为一点儿小小的差异，就耽误了自己最好的年华。是人就会有差异，能真正学会处理差异，才是智慧的体现，而不是在斤斤计较中蹉跎岁月。

找到另一半,需要有点策略

不可否认的是,尽管单身青年们不同程度地表现出对现有择偶过程的失望、委屈、纠结,甚至愤怒,但他们中的绝大多数仍然怀着美好的理想,那就是:尽快地进入自己理想的婚姻。只是我们大多数人被这个理想所困住,也就是说大家始终把这个目标当作自己的梦想,而不是可以感知到的愿景,更别提把脱单作为一个计划来实践了。

想想我们的心态为什么会在脱单的道路上越来越差呢?亦如这个时代,尽管我们通过自己的奋斗得到了财富,但我们的内心依然焦虑。

思考一下我们为什么会焦虑?因为我们有梦想,但梦想太宏大，实现它太难，所以我们才会焦虑。如果我们总是顶着一个梦想，而每天看着那个梦想没有实现的可能，那么每天内心强化一遍的就不仅是这个梦想，还有这个梦想在今天实现不了的事实，你说心态能好吗？那怎么办呢？

拿破仑说："不想当将军的士兵不是好士兵。"士兵能一下子成为将军吗？不能。在士兵的心目中，必然先经历这样的过程：班长—排长—连长。只有将你的目标具体化到你眼前看得到的东西，你的目标才有意义。所以你不但要有梦想，更要有可视化的愿景。

这个愿景需要符合3个条件：永远指向梦想，永远是看得见的，保持专注。当把梦想拆解为愿景后，接下来就是把你可视化的愿景拆解为一步步的计划去执行。当你在实现梦想的过程中，把它变成了看得见的愿景和摸得着的计划，那你每执行一步计划，就会离梦想更近一步，这在一定程度上可以有效地减缓你的焦虑。

那这个理论放到我们脱单这件事情上，怎么运用呢？

比如，你的梦想是拥有一个理想的婚姻。你首先要做的就是把这个"理想"变成可视化的愿景，你所期望伴侣的身高、体重、人品、事业等，虽然仍然是摸不着的人，但至少在你心中已经是个看得见的人。接下来，为了找到这样一个人，我们就需要制订计划，从环境、行为、能力等方面去具体制订。

假如你希望嫁给一个温暖的男人，那你就可以从环境上做计划。比如去一些公益活动中碰碰运气——温暖的男人一定也是有爱心的人，或者每天做一件给身边的人送温暖的事。这样的计划可以具体到每个月、每周，甚至每天的内容。这样，你的脱单梦想就不仅仅只是一个梦想了，它会在你的计划下一步步靠近你。

我为什么想强调这一点，因为我所了解的大多数待脱单人员，当他们在为终身大事焦虑时，你问他们："你想找什么样的人？"对方往往不能清晰地描绘出，或者他能列出一堆条件，更多的是能说出几个条件。但深入了解以后，你会发现，其实他想要的很多。如果要把一个多重复合条件的梦想分解到计划，那难度系数肯定会非常高，执行起来则会更难。不过，通常大多数人只停留在梦想阶段，根本不去考虑实际的可行性。

在你的计划做出来之后，你除了要专心地去执行外，还有一个条件是几乎所有人都没有注意到的，那就是：了解你自己。如果你对自己没有清醒的认知，你的梦想、愿景和计划可能压根儿就是错的。下面这两个方法或许可以帮助你更好地了解自己。

第一，信念。我们先来说说动机，也就是你结婚的动机是什么。当然此处的动机不是指婚姻要利益交换、将就过日子等。虽然条条大道通婚姻，但那些不属于我的讨论范围。我只讨论以爱情为前提的婚姻。大家可以审视一下自己，是不是一直在被某种理论催眠，从而深信不疑到秉持着这个理论去寻找终身伴侣：我们命中注定的另一半可以让我们圆满。这就是一个极其错误的动机。

坦白地说，这就像一个瘸子为了不再跌倒，疯狂地去寻找一根拐杖。如果你自己是一条腿的状态，你要进入婚姻的目的是需要另一个人来帮你，这样的期待通常都是致命的隐患。当你因为贪慕一个男人的年轻富有而进入婚姻，当你经历他事业的滑坡时，你也会很容易捕捉到能满足你贪欲的新伴侣，从而让这段婚姻迅速瓦解。也许你会堂而皇之地告诉我，你不是以这个目的结婚的，你是因为爱他而结婚的，那请你直视自己的内心：这个爱，真的不包括爱对方的功成名就、事业有成、家财万贯？

真正的"我爱你"只是一种需求的表达：我需要我和你在一起，而与你所选择的这个人的财富、地位关系并不大。

第二，身份。你要去审视自己需要什么样的人。怎么确定对方就是我的人生伴侣，最重要的是，你是否是一位合格的太太或先生。我有一个女性朋友对我说过一句话："其实每个女人婚后都要经历一个扒皮的过程，想明白了，她才能将婚姻经营好。"我理解她的意思，就连我自己也以为进入婚姻前诸事已经考虑得非常明白了，但一样要经历扒皮的过程。这是为什么呢？

在我们接受的教育里，没有人会告诉我们恋爱和婚姻的区别是什么，大多数人都以为婚姻就是一场婚礼，跌跌撞撞就一头扎了进去。当理想与现实撞击时，冲突可以剧烈到惨不忍睹，有一部分人无法调整心态，就败在了此处；也有一部分人，向命运妥协，接受婚姻的残酷，将就着把日子过下去。

但其实以上两种都不是面对婚姻的正确态度。如果在婚前就能有人给我们进行一系列的教育，告诉我们：婚姻的真相是什么，发生问题时如何正确处理，婆媳关系和亲子问题如何处理，等等，如果我们把自己的身份定位好，婚姻还是可以像最初那样美好的。

总之，要学会从不同层面扫描自身的问题，早些勇敢地审视它们，慎重地制订计划，坚决地落实执行。做到这些，你想不脱单都难。

美丽的打扮是你的终极武器

我在给一个男人介绍对象时说:"这个姑娘是女博士、理工科、现担任国家某科研项目的带头人……"还没等我说完,男人就抢过话茬:"姐姐,我是找老婆来的。"

我灵机一动,说:"那我再给你介绍一个。这姑娘温柔大方、身材一级棒、情商超高,她周围的朋友都很喜欢她。"话还没说完,我就感觉到口水从他的嘴里溢了出来。"你把她微信给我!我马上约她!"说话的同时,他已经掏出了手机。

我按捺不住,哈哈大笑起来,说:"其实,我说的这两个姑娘是同一个人!"

我们常说,人生不能输在起跑线上,那在相亲这个事上,起跑线到底是什么呢？

这样的女性在我的生活中也不止一个。事实上，很多都相识于职场。虽说一开始只是出于对尤物的好奇（是的，女人也会对漂亮的女人好奇，好奇一个女人怎么可以将美丽、大方、端庄、能力都集于一身），等交往到一定深度，才从别人嘴里知道，人家要不就是女博士，要不就是某千金，刷新了我以往对于这两类人的戴有色眼镜的认知。

这样的女性，一点儿也不拿平常人随便扯一条就可以炫耀的资本吓唬人，你能从她的朋友圈里体会到的就是老公、孩子，以及知足常乐的岁月静好。真正有一天了解真相的时候，你会感慨：这才是人生赢家啊。

我在现实中接触的很多单身姑娘，几年前见我就会跟我吐槽，觉得自己脸蛋不好、身材不好、学历不好、背景不好，所以才在择偶路上困难重重。

几年后，再见这些姑娘，除了新增加了几道皱纹，说的话、说话的神情、语调和几年前都一模一样。问题是，嘴里的那些问题在她这儿一点儿没变！我突然明白，脸蛋、身材、学历、出身……都是这些姑娘不愿意改变现状的借口而已。先天条件就不好，后天你还不努力，关键还天天负能量，真是无从拯救。

我也接触过很多资质平平的姑娘，经过多年努力自己在公司里不仅成为中层甚至高层，而且也解决了房、车问题。对潜在伴侣的要求也水涨船高，有些甚至在微信群里公开表达一些对相亲对象的不满或不屑；如果有机会与相当优秀的男人接触的话，又会因外在被无情地淘汰，自然，这个男人肯定逃不掉被她一通数落。

这两类姑娘，都向我投诉过男人——现在的男人太肤浅，他们只知道看脸！

而她们嘴里那些只知道看脸的男人们，的确娶了既漂亮又有内涵的姑娘，过上了幸福的生活。

我说什么？

我能说什么？

这都什么年代了？

这是个比你漂亮的人，竟然比你还努力；比你努力的，竟然比你还漂亮的竞争。

这很公平。两个人同时考试，即使答案都对，哪个考官不愿意先去批那份卷面整洁、字体清秀的，你这份考卷字迹潦草、涂涂改改，即使答案完美，哪个考官不想压到最后再批？

事实上，很多抱怨男人只看外表的女性，她们的内在远没有她们自己想象的那么好。

漂亮的姑娘的确招人爱，而这个漂亮绝不仅仅是那张脸。一个天生丽质的姑娘，在成长的过程中，本身就会受到很多人的喜爱，也会较轻易地得到很多的原谅。如果她在一个相对有爱的家庭里成长，那这样的感觉就会形成正向循环，也就是说她觉得爱她的人好多，她也会愿意付出更多的爱给别人，从而这个姑娘成年后也会浑身散发出特别招人爱的能量。

这样的姑娘一定也是爱自己的。她会把自己收拾得漂漂亮亮、得体大方，看见陌生人，她会大方地展露真诚的笑容，她会在同辈的激励下好好学习、努力工作，她更会强身健体好好照顾自己。但凡有可能，这样的姑娘哪个男人不愿意优先追求？何况，这样的姑娘生活中一点儿也不少。

当然，也有先天条件一般的姑娘，在漫长的成长过程中，通过自己的努力和勤奋，用自己点点滴滴的付出不紧不慢地成长为一只白天鹅。这样的姑娘一直没有放弃对美的追求——脸蛋不好就多美容，身材不好就勤锻炼，甚至还利用空闲时间学习烹饪技能。她们早早结婚生子其乐融融，年龄越长越发活得滋润。美，这事容易吗？从普通到美这个过程，本身就不容易，就是一场战役，这么大的投入，就应该有值得的回报。

现在很少有人会惨到一亮照片就被人PASS掉，但你若坐在他对面，不修边幅，身材走样，面容焦虑，一心等着对方能与你交往后看见你卓尔不凡的灵魂，那只能是痴心妄想。

曾经有男人对我说："男人都喜欢爱笑的姑娘。"我一开始以为是说女孩要有幽默感，结果他说："女孩本身并不需要有太多幽默感，但如果她能经常被我逗得哈哈大笑，那会让我很有成就感，所以我们真的很容易被笑点低的姑娘吸引，这是一种潜意识的需要。"你一定会认为这是直男吧！可人家只想让自己以后的柴米油盐的烟火生活过得轻松点儿，有错吗？

有些女性婚后更要命，随着对老公的不满越来越多、抚养子女的压力逐年增加，渐渐地就把自己逼成了黄脸婆——不收拾，不打扮，穿着睡衣逛超市。外人问起来，都只会应付一句："唉，每天忙成这样，哪还顾得上自己。"活脱脱一个受害者的形象。

只是她自己没意识到，不化妆、不收拾自己，潜意识里都是因为对家庭生活的不满意而形成的一种隐性攻击。她在向她的丈夫表达的是:"都是你,你让我过上了这么惨的生活,你也别想再看到从前那个漂亮的我!"天天跟你睡在一起的男人收不到这些信息吗?接下来的故事,无非就是恶性循环,而这个"命",真的是自己"作"出来的。

的确,能让人与你白头到老,自然是因为你有一颗秀美的心。但外在是集中了所有内在素质的体现,你不美,无非就在表达你懒、没气质、没品位,更说明你不热爱生活、不热爱自己。这样的你,谁还敢把自己交给你来爱?

别浪费时间抱怨世界不公平。世界本来就不公平,但世界公平地给了你纠错的机会。长得不好看可以化妆,身材不好就去运动。你只能学着改变自己,否则别指望别人来爱你。

向男人展现你的诱惑力

一位女生给我来信:"如何让自己喜欢的人也喜欢我呢?如何去'勾引'我喜欢的人呢?"

这是一个非常好的问题,首先要肯定一下这位女生的态度,对男人"勾引",而不是主动追求!

关于这一点,有无数的女生问过我:"周老师,现在好男人这么稀缺,碰到一个不容易,一个好男人往往好几个女孩围着呢,但我们一直以来所受的教育是女人不能太主动。这太为难了。遇上好男人,我们是追呢,还是追呢,还是追呢?"按照职业习惯,一般我不给答案。不过这道题,我给个肯定的答案:男人负责追求,女人负责"勾引"男人追求。

要知道，人都是具有动物的原始属性的，雄性就是需要通过竞争才能得到雌性，这是自然法则，所以要把这个权利还给男人。如果雄性动物的主动性被压抑住了，总有一天他需要被释放出来。如果一个女人把男人追到手，还在两性关系中把很多事都承担了下来，那这个男人的天然的主动性就会找个地方去释放，家里释放不了，就会去外面释放。

所以有许多女人把男人侍候得好好的，但男人出轨、找小三的情况还是会出现。所以在两性关系中，女人要回归女人的位置，把主动性交给男人，这也是对男人的尊重。

如果遇上喜欢的男人，不主动就意味着放弃吗？当然不是！你作为女人，可以制造许多错觉，让男人以为他是主动来追你的，但其实都是被你"下套"的！也就是：去催眠你喜欢的那个男人。

催眠不是让对方睡着，而是在对方放松的状态下进入对方的潜意识。大家知道，一个人的大部分行为不是由他的意识决定的，而是由看不见摸不着的潜意识决定的。所以我们别跟男人在意识层面玩，直接在潜意识层面去"勾引"他，让他主动，岂不是更有效？听上去很有难度，对吗？在这里，我给大家分享几个催眠对方的方法。

第一，共情。共情是心理学界人本主义创始人罗杰斯提出的，是指体验别人内心世界的能力。听上去是不是很专业？其实说穿了就是用心去体会对方的内心世界。不过如果你还没有专业的心理咨询师那么强的感知力的话，你至少可以做到共情的初级阶段，也就是与对方保持同步。这个同步包括你与对方的呼吸同步、语音语调同步；你重复他说话的最后几个字；对他说过的话以"嗯，哦"回应，间歇性地点头以表达认同；他做了一个动作，几秒后你也做一下相类似的动作；等等。

这些基础共情行为是为了什么呢？就是在表达"认同"！而认同的身体语言（眼神、手势、坐姿等）又比单纯的语言更具有说服力！我们为什么要与他共情呢？因为人都喜欢和自己一样的人。

第二，让他在你这里自我实现。大家还记得马斯洛的需求层次理论吧，最高的第五等级就是自我实现。你想想，如果一个男人在你这里能得到自我实现，那他自我感觉得有多好。他便会想制造更多的机会和你在一起。那如何让他自我实现呢？我的建议就是夸赞他！当你从不同角度去夸赞对方时，他看你的眼神不迷离才怪呢。

第三，好好利用自己的身体语言。你如果与他初次相遇，有机会让他看见你的目光在他身上停留的时间够多，当你们对视后，你就可以害羞地把眼光移开，隔不久后再如法炮制。对于男人来说，这就是一种很正向的鼓励，他很可能就会起身走向你，跟你搭讪。

看上去好像是男生主动展开追求，但女生的眼神才是此中重点。当你们开始交谈后，眼神的表达也是需要技巧的。微笑配合含情脉脉的眼神以及下脸颊的倾斜度数，不同的组合都在向对方的潜意识传递着不同阶段的暗示。

第四，唤醒对方的性意识。曾经听过这样一个笑话：男女共处一室，女生临睡前对男人说："你不许耍流氓。"男生一夜无眠规矩得很，但第二天一早被女生打了一个耳光骂道："你根本不是男人。"这代表什么呢？这也是许多女生的困惑，觉得我们俩关系已经发展得不错了，很多男人还停留在原来的层次，甚至很多女生问我，要不要主动去拉男人的手、亲吻或者推倒。当然不行啦。

我们说除了这部分男人需要教育以外，在这点上女人还是需要采取一定的主动性的。男人如果不主动只能说明对他而言，你给他的性幻想还不够，你需要做的就是去唤醒对方的性意识。最简单的方法，就是在嘴唇间舔咬一些东西，包括棒棒糖、巧克力。如果手边没有，你也可以尝试在用筷子将食品送进嘴里后，象征性地咬咬筷子。至于这个原理，大家还是自己脑补吧。

不过，即使我将这些内容奉上，你依葫芦画瓢也学会了，我还是想说，任何技术都比不上一颗真心。或许以上这些做法，可以让两个人走到一起，但决定两个人能不能走得长远，还是得看彼此的磨合和爱的能力。

Part 5
第五章

爱要刚刚好：
活出自己的幸福

伴侣如何爱你，都是你教的

最近的一次网络课程上，老师请了两位在场的学生做现场演示。这两位学生是从秉持着"滴水之恩当涌泉相报，人敬我一尺，我敬人一丈"信念的人群中随机挑选出来的。老师让两名学生相对站立，当其中一名学生往前走一步的时候，另一名学生就自然地往前迈了一步半，而当先走的那名学生往后退一步的时候，另一名学生则往后退了两步。接着前一位学生移动的动作越来越快，而另一位学生则完全自动地根据对方的反应，做着相应的前进或后退的动作。

老师叫停后，问那位相对被动的学生有什么感觉。那位学生说："我觉得我不由自主地被她控制了！"现场的学员一片唏嘘，都不禁感慨，在生活中的确太容易被关系中的另一方轻易就控制了情绪和行为。

老师继续启发这位学生："你试试看，做出和以前不一样的反应？"当另一位学生继续往前一步时，这位先前被动的学生下意识地前倾了下身体，意识上立刻反应了过来，接着把身体往后缩了一下，几乎是在摇晃中慢慢站稳的。先移动的学生看见她站稳后，有些小小的局促，又试探性地往后走了一步，这位被动的学生又稍微地控制了下身体，并没有继续跟着对方移动。先移动的那位同学，又测试了一下，当确认没有影响到对方后，就回到原地站立不动了。

事后，老师了解了这两位学生的心路历程。被动的学生说："一开始挺难的，好像看到对方动了，自己就会不自觉地回到原来的下意识的状态，跟着对方移动；后来就不断地对自己说不许动，结果也就不会受她影响了。"主动的那位学生则说："一开始看她不动，我还有点儿不习惯，后来就觉得没意思了，那我也就不动了。"

这时，老师对大家说："我们的确会被别人的情绪和行为影响，但那只是我们原有的模式被对方所影响。因为那是我们旧有的习性，是我们多年来形成的根深蒂固的无意识的习惯。而当你有所察觉的时候，你会将自己的无意识行为叫停，那时你再去观察对方，他（她）也会因为你的改变而改变。所以，我们不用总是指责别人如何对待我们，因为别人如何对待你，也是你教出来的。"

总会有人来问我："我明白了一个道理，我知道我要改变，但在生活中，该愤怒时还是会愤怒，即便事后后悔，但当时也控制不住。"其实，能认识到这一点就已经很不容易了，毕竟在当今社会能承认自己有问题的人并不多，只是在现实中还需要反复去磨炼自己，问题的发生就是来检验自己成长的。所以，先接纳自己的成长阶段，千万不能因此而焦虑或焦躁，因为"对自己着急"这样的情绪，对于你的成长没有任何帮助。

曾经有过一句很流行的话叫"突破舒适区"，虽然这句话来自心理学实验，但我们看到它被更多地应用于管理和职场上。我们被教导，如果想在职场上有所建树，就必须让自己处于轻微的不适或者焦虑中。也就是你可以走出旧有习惯，去接受更有挑战性的任务。例如，工作职务的改变或者生活中交际圈的改变，这样的突破性的改变会让自己的眼界放宽、应变能力增强、在未来获得更多的可能性。

在这里，让我们在心灵成长落地的这一步上用到"突破舒适区"理论。当你觉得你到了"懂得了许多道理，依然过不好这一生"的阶段时，你可以给自己的原有行为模式做个总结，然后，在你平静的状态下，列出能让你与原有行为模式不同的选择，并且尝试每次用不同的方法测试自己的选择结果，看哪种新的行为模式会更有效。

有人说，其实只要真正认识到问题所在，自己的行为就会改变的。我赞同，但也不赞同。要知道，人要改变经过多年形成的习惯有多难。如果你真的以一腔热血指望自己可以强大到只要看见问题就能改变问题的地步时，你只会经历更多的挫折和焦虑。所以不如将对自己的要求放低些，一步一步来实现它吧。

曾经有个姑娘问我，每次她在和男友吵架时都会不由自主地直接说"分手"，自己控制不住，可说完又后悔。更痛苦的是知道自己错了，下次还是改变不了，而现在男友对她已经越来越冷淡了。

对此，我给她开了这样的药方：与她一起列出了将近十种从言语到行为上的改变。首选方案是用"感受词"代替"分手"两个字，同时我们还一起练习和整理了一堆感受词。几个星期后，这个姑娘告诉我,她与男友之间的关系已经有了实质性的改变,她说她对"委屈"这个词特别有感觉,于是终于在一次争吵时,冲着他男友大喊道:"我很委屈。"在她喊出的那一刻,她就知道自己突破了。

果然,她男友怔了一下,不再争吵,问她到底委屈什么。由于这个女孩已经把自己心底的感受宣泄了出来,整个人平静了很多,于是她用学到的语言表达方式陈述了事情的经过,并表达了自己的需求。那次之后,她的男友似乎更了解她了,感情也逐步回到了原来的温度。

你要改变别人对待我们的旧有模式,前提是你自己要先去改变。如果你觉得改变自己如此痛苦,请你在平静的状态下,给自己多制作几个应急的锦囊。当负面情绪来临时打开任何一个,也就打开了一种新的人生可能。如果你还没有打开锦囊就又回到了原有的模式,那再给自己多点儿时间,就像开篇的那位被动的同学那样做——摇晃几下身子,你终究会站稳的。

恋爱王者都会用的技巧

在这些年的观察中,我发现能够顺利并且快速约会成功步入婚姻殿堂的,无论男女,都有些相似性。这些相似性看似有点儿摸不着,但万物都有规律,我还是在大量的案例中,总结出了如下几点。

从环境层面来说,作为单身想恋爱的你,要经常检查两点:

第一,你是不是仍然沉迷于偶像剧情中。我们这一代人小时候看的是琼瑶,也因为剧情中的完美主义而在择偶路上有些错误的认知。二三十年过去了,由于人类对完美爱情的向往,类似的精神产品仍然在不断地诞生和繁衍,只是变成了韩剧、日剧等。

文艺产品唤醒人们心中对美的感知、激励人们追求幸福生活的目的是无可厚非的。但如果你看了以后不能自拔,天天幻想能遇到霸道总裁或者那种刻骨铭心的爱情,那就是在浪费你自己的生命了。所以,如果你知道自己在这方面缺乏足够的免疫力,请远离这些具有完美主义情节的作品。

第二,请远离负能量的朋友。作为单身的你,时间紧迫,真的没有太多必要去做负能量朋友的拯救者。如果你的朋友在失恋后对整个世界都充满敌意,或者离婚后对前任恨得咬牙切齿,除了表达适度的关心外,你也要明白,他(她)这样负能量满满,也会影响到你的状态。在不断地倾听陪伴中,你自己脆弱的价值观也可能发生偏移,这对你又有什么好处呢?

那什么样的朋友值得交往呢?就是即使失恋或离婚,也会看到自己的责任并为此负责,且分析利弊总结经验的朋友;即使痛哭一场,仍然相信世间是美好的朋友。这样的朋友也会反过来影响你,让你更积极地看待这个世界。

从个人行为层面来说,作为单身想恋爱的你,要关注以下几点:

从外在上来说,要注意自己的穿着打扮。以前遇到一个姑娘,总是跟我说约她的男孩子总是目的不纯,她很苦恼,但说这话的女孩子从来都是低胸、紧身、超短,外加黑丝袜高跟搭配。什么样的穿着打扮往往决定你会吸引什么样的人。

同时,对于男孩子来说,其实要给女生留下好印象,整洁是最重要的。而女生都有一个特点,就是会不自觉地观察男生的头发。如:头发油不油;有没有染让人反感的怪颜色;衬衫衣领上有没有落头屑。也许就因为你偷了一下懒,就会远远地把姑娘们都屏蔽掉了。

另外,什么时候也不要忘了笑容这个法宝,而且这个法宝对于女孩子来说是非常好用的。男孩都愿意看到笑得没心没肺的姑娘,会幻想这样的女孩如果是自己的媳妇,天天能把她逗乐,自己该多有成就感。所以姑娘不用担心自己没有幽默感,只要你笑点低或者先装着笑点低,从含羞微笑到露出八颗牙齿的大笑,都会令男人产生好感。

我们在职场中会经常递名片给别人。但随着微信的普及,取而代之的都是"扫一扫",这就需要我们好好管理自己的微信头像(QQ或微博等也都适用)。你的社交媒体上的头像最好是真实生活的正面照,当然要挑好看的放,只是要尽量避免:有暴力元素的、暴露身体部位的、背面照等。其实我也建议,最好不要放虚拟的卡通人物或者小动物。因为你在和对方聊天的每一个瞬间，你的头像都会无数次地被他的视线关注，你给他的正面视觉越好，在他心目中的好感就会越多。如果作为一个女孩，面对一个头像是一只猥琐的小老鼠的男人，聊天时就会很难深入下去。

在互动中，当求爱的欲望流动起来以后，需要注意的是：无论你对对方的感觉如何，请耐心倾听别人。人只会喜欢喜欢自己的人，而获取别人是否喜欢我的判断标准之一，就是看对方是否对自己专注。眼神的接触也很重要，在每一次互动中，知道何时低眉浅笑、何时温柔专注，都会让你加分不少。

不过，我在这里要重点讲讲温暖。首先，在你与对方握手时要传导出足够的温度。一只冰凉的手会让人潜意识觉得你的心也冷（姑娘们如果手冷的请好好补一补身体）。其次，你要能带给别人温暖的感觉。一部分透过你的笑容，另一部分就是你要有能力营造出温暖的气氛。比如对方的一件小事被你记在心上，并主动帮助他，就会带给对方温暖。在我的工作中，我发现在群体中总是能主动跳出来帮助别人（并不一定是潜在对象）的姑娘，获得异性青睐的概率相当大。

当然，多说赞美别人的话也会获得更多人的喜爱，这也是一种温暖的传递。

除了温暖之外,还有一个互动中的小技巧——坐在他身边而不是他对面,这会让他感觉跟你更亲近!面对面坐,是一个竞争和谈判的坐姿,在一开始相处或者两人相熟后是可以的,但女生如果想让男生进一步对你表达好感,请多创造机会坐在他身边。

来自火星的男人到底怎么想

这阵子也不知道刮的什么风,姑娘们来问我的问题都如此一致:

"我只是那天心情不好,对他冷淡了些,可他第二天就说要冷静地考虑一下我们的关系,到现在已经一周了,不咸不淡的,也没说要见我。怎么办?"

"以前他天天给我打电话,最近好几天也没有一个微信,我和他沟通这件事,但他却觉得压根儿没什么大事,只是天天忙工作而已。他是不是不如以前爱我了?"

"我老公很奇怪,天天在外面和朋友谈政治、经济、历史、文化,回到家跟我就没什么话说。我想跟他聊天,但他总是能成功地把话题转到'事情上',他怎么就不懂,我要的是谈'心'而不是谈'事'呢?"

这些问题看上去好像各有差异,但本质都是一样的——这些女人都急切地想要了解她们的男人,但又都对男人们的反应束手无策,女人们似乎很难理解她们的男人。事实上,男人的确是比较难理解的动物,因为他们自己也不了解自己。

而女人要想了解男人,就要知道男人的"洞穴"情结。我最初接触这个理论,是在《男人来自火星,女人来自金星》这本书中。对于二十多岁的我来说,那是一本了解男人的启蒙书,可是即便这个理论已经被普及了很多年,女人们在生活中遇到问题仍然会一筹莫展,我想还是有必要来重温下。

男人的"洞穴"是他的自我天地,是男人自己的精神避难所。在有需要的时候,男人会自动进入那个洞穴,自己反复权衡和斟酌自己心里的事,直到解决完为止。这个"洞穴"并不是实际存在的,而是一个状态。

当男人想要进入这个状态的时候,他会切断跟外界的一切联系,尤其是对身边的爱人置之不理。迅速进入自己的世界,大脑高速运转,即使身体的行动仍像平时一样机械地运作着,但意识上已经对外来的刺激进行了屏蔽。有人有趣地打比方说，这是男人的"大姨妈"。如果身边的女人不了解自己男人的这个特殊时期，那男人的这种行为就会为他的伴侣带来伤心和痛苦的感受。

所以，女人要理解，这是男人特有的本能反应。对于每个男人来说，当他感觉到自己的痛苦情绪进入到意识层面时，会本能地选择关闭自己，这时候他自己都意识不到和控制不了。而且，在他们面临巨大的压力时，他们会把自己的情感通道也一并关闭，等到自己恢复时再突然一并重新打开。

这个过程就好像比赛中的中场休息环节，他们需要一段时间和一个场地让自己安静地待一会儿，好让自己补充了力量再来进行下一轮比赛。如果女人不了解男人的这个特殊状态，就会在旁边不断地制造刺激和反应，试图把男人从那个状态里拉出来，这样无异于你突然制造一个噪音去叫醒一个熟睡的人，无疑会激起他们的怒火。

女人在这方面和男人有着天生的差异，女人不会迅速地找个"洞穴"钻进去，她们有什么不快和烦恼会慢慢积累在心底，就算是要关闭，也是逐渐地、缓慢地以她自己都意识不到的速度进行。正因为如此，女人会本能地去误解男人的这个状态，用自己的理解甚至是幻想去想象他们之间存在着的问题，而且女人确实有能力可以把问题想象得越来越严重。

所以，当男人进入那个状态时，女人唯一能做的就是，觉察到他进入到"洞穴"时，自己安静地做事，并且充分地相信他在自己的空间里能处理好自己的问题。男人如果需要你的建议时，他就会直接问你。除此之外，你要做的只是给他空间，不打扰他。男人实在没有太复杂，他如果从"洞穴"里出来，那就表示一切都OK了，你也别再疑神疑鬼，充分地信任他就是对他最大的支持。

还有一点需要注意的是，其实男人的脑和心离得很远，至少比我们大多数女人远。比如文章开头的那个案例，男人滔滔不绝地谈论所谓的外界知识，但却对内心的感觉疏于表达。从这点上，我们可以看到，男人其实不是不表达内心的感受，只是他们习惯于用"外界"的东西去表达"内心"的情感。比如说，男人在公司里遇到下属不得力惹他生气，他不会像女人一样说："我都被那个孩子气死了。"而是会说："现在的年轻人真是太不踏实，太浮躁了。"如果他经济上有压力，他也不愿意去承认和面对，只会一味地抱怨："这个国家的经济都被搞成什么样子了？！"

总之，他会回避自己的内心感受，而选择抱怨外在世界，来让自己的内心达到平衡。他也解释不清楚内心是什么感受，于是索性把这么抽象化的东西一股脑儿地用具体化的事物来诠释。他们试图去证明一点：自己的情绪和行为只能从外界来找到原因。但这在女人看来，就是男人不愿意跟她谈情感的主要表现，为什么一聊内心的感受，要一起进行内心的交流，他就直接逃避、回避掉了呢？姑娘们，他不是不想，他是没有这个能力。

男人对自己天生缺乏表达自己感受能力这件事，其实是一无所知的。如果女人因为在这个特质上不能理解身边的男人，男人就更不能理解女人有什么火好发的。其实也正是由于男人对自己的感觉一无所知，他才更需要女人。需要母亲、恋人或者妻子的感情表达，来揣测自己的感情和感受。

他们在感情中，很多时候只能依赖女性给他的这种反馈来学习。所以这也就解释了为什么女人在生气的时候，对男人说"你根本就不爱我"，会使这个男人摸不着头脑甚至恼羞成怒。如果平静地表达"你做了什么，给我的感受是什么，如果你这么做，我的感受又会起什么变化",会更有效。也就是说,女人在沟通时要放慢自己的语速,真实地表达感受,这样,男人才能跟得上你的思路,才能从你的表达中去学习,去如实地感知自己的感受。

来自金星的女人应该怎么做

如前文所述,男人出生的时候就自带了一个"洞穴",经过很多年的成长,让他的情感和大脑相隔离。其实在我看来这不仅仅是男人的专属,在这样快节奏的现代化社会,很多女人也表现出这样的特质。那下面我们就来看看,作为女人,应该如何与男人这种与我们如此不同的动物相处。

首先,要给男人尊重。有句老话:男人需要尊重,女人需要爱。男人的特性决定了他需要时时维护他自以为是的那个强大的形象,他需要在生活中时时体现出强者的地位,他天性喜欢竞争,并以在竞争中获胜为傲。所以在恋爱的初级阶段,女人的确不宜表现得过于主动，要学会将主动权交给男人。

在两个人的关系稳定后，尊重就显得更为重要。很多女孩，一谈恋爱就喜欢把自己所有的重心都转移到男人身上。注意力聚焦在他有没有立即回电话，有没有立即回微信，有没有主动关心自己，一通庸人自扰。其实在男人忙着他自己的事情或者进入"洞穴"时，要给他足够的空间和时间。不主动联系、不打扰他，将自己的注意力全部放在自己的身上，把自己变得更好，才是让关系长久的前提。

另外，在男人想跟你说话时，你需要辨别，他是不是在情绪的状态里。如前篇文章所述，男人习惯于用外在的事实来间接表达内心的情感，他们习惯于将内心的矛盾转化到外在世界中。当读懂你的男人正在情绪里时，你所要做的就只是倾听。当他滔滔不绝地谈论自己的政治见解，分析经济走向时，你只需点头赞叹他的渊博多才就好。即使你知道他是借着外面的事来获得自己的内心需要，你也没必要去点破他。要知道，让男人分享情绪时，他的内心已经做了许多的努力，积攒了很多的精力，你应该让他一鼓作气说完。

同时，如果解读出他就是在发泄情绪的话，你也无须给他什么高明的指点。人都是一样的，当有情绪的时候，他就是需要一个人来倾听。当然，如果你的男人真的是在说"事情"的话，如果他想要征求你的意见，就一定会直接问你的。即便你觉得他问的问题是多么的小儿科，你还是要放低姿态，减轻他对这个问题的焦虑感，不能有任何"指点"的感觉。比如可以套用这样的话："哦，这的确是个难题。我想想，如果是我，我可能会这样做……"先认同他，再说出你的想法，也是对他的尊重。

接下来，我要说一说"爱"这个话题。也许在恋爱时，"爱"这个字显得很狭隘，但在关系稳定后，爱就会变得越来越宽泛，尤其是在婚姻里，爱更包含了付出、包容和慈悲。我们都知道，男人一出生就带了一个硬壳，他即使再孤独、再痛苦，也会死死维护住那个硬壳。时间久了，他以为那个硬壳就是他自己，根本看不见或者不愿意去看硬壳下自己的那个柔软的身体。

此时，让男人将自己的感情表达出来的唯一方法，就是你自己先去做那个自由表达情感的女性。当然，争吵不是在表达情感，那只是在向对方表明自己的重要性。女人如果因为对男人生气而争吵，基本上男人会被这个恐怖的场面吓得缩回自己的壳里去，他的外在表现就是用更坚硬的语言来刺激你。而女人看不到男人的这份脆弱时，只会抡起手里的榔头，亲手砸向眼前的这个男人。所以唯有温柔地表达自己的感受和需要，才能让男人从壳里慢慢出来。握住他们不安的手，告诉他们别硬撑了，出来透透气吧。

这份天然的带有力量的温柔之爱，其实是我们女性与生俱来的，可惜我们被现代教育教导得已经忘了如何使用它。就这么一个小小的付出，会让你成为男人安全的港湾，慢慢地，他就会放心地在你的怀抱里卸下那个硬壳。

爱是一种善意。当你在一段亲密关系进行到深处时，你就会发现对方丑陋甚至是恶心的一面。当你发现对方的行为自私无比，扪心自问你自己有没有自私之心呢？当你发现男友看着美女目不转睛时，扪心自问，是不是自己只是缺少机会和帅哥待在一起？时时以对方为镜，审视自己，也就不会强求对方改变，这份理解就是善意。

所以，当你身处一段亲密关系时，你要多去关注自己在关系中的成长——从这个男人身上看到了什么我自己没有的优点，他的阴暗又反映了我自身的什么阴暗面，他的脆弱如何激发我变成一个更有爱、更善良的人。当你把注意力集中在关系内的自我成长时，对方会感激你的这份尊重和爱，他也会随之而改变，你们的关系也会越来越和谐。即使一段关系结束，你仍然会感激它为你的成长带来的益处。

男人要学听，女人要学说

男女之间的沟通问题，可以说是贯穿于交往的整个过程，一开始在"爱"的蒙蔽下，问题不会轻易显露出来，但随着时间的流逝，男女双方本身的差异就会将此隐患上升到"障碍"的高度。

以下对话模式在我们的生活中经常发生：

女："你怎么老是不给我打电话？"

男："我怎么没有打？前天不是还打了吗？"

女："你就是没有打！"

"你心里根本就没有我。"

"你根本就不爱我！"

男："……"

虽说两性的差异真的数都数不完，不过"男人怕被批评，女人怕被忽略"却是男女之间的天然差异，这在生活的方方面面都有所体现。而在两性沟通中，男女双方常常会因为这一点引发摩擦、冲突，甚至分手等问题。

对照上面的这个对话，作为男人，如果可以在对方说出这句话的时候，认真地去倾听她话里的真正需要，可能就不会有之后的唇舌之争；而作为女人，如果一开始就学会表达自己的感受和需要，而不是用绝对词来声讨男人，那男人也不会下意识地去反抗。所以说男女之间出了什么问题，真的是一个巴掌拍不响，每个人都需要对问题承担自己该有的责任。

基于以上的差异，要学好两性沟通，避免冲突，男女要学习的着重点会有所不同。不知各位在生活中有没有发现，如果你是一位女下属，你在跟男上司抱怨工作时，他会特别认真地倾听你的讲话，并且每次都会不断地鼓励你继续表达，从不打断。甚至有时他会把你想说却说不出来的感受都表达出来。你会不会觉得跟着这样懂你的老板太值了？

这时，如果这位男上司工作投入得忘了时间，收到了他妻子的来电："老公，我把饭煮好了，等你回家，现在离你平时回家的时间已经超出了一个小时。我有点儿着急,你能告诉我,你回家吃饭的具体时间吗?"可以想象,这个男上司一定会立马收拾东西离开办公室。

事实往往如此,好男人和好女人就是这样互相成就的。男人是目标和问题解决型的,如果他的女人能在沟通中不带有任何批判地把她自己的感受和需要表达出来,她的男人就会迅速用解决问题的方式来解决这份需要,那女人的目的就达到了;女人是状态和感受型的,如果能真实地感知自己的感受,并想明白自己的需要是什么,只要将其表达出来,那问题一般就能解决。

而我们现在的问题往往是,男人不懂得倾听,女人不懂得表达。那是什么阻止了我们去倾听别人的内在声音呢?是评判。

我们几乎把所有的时间都用在了对别人进行评判上,比如老公不按时回家,那他就是个不顾家的人;老板又给我安排了一件我不愿意做的事,那他就是个不懂得体恤下属的人。甚至,我们还天天对自己评判:我如果达不到自己的期待,那我就是个失败者。

我们在经年累月中学会了评判,所以才没有耐心去倾听别人的声音。男人在女人还未开口但她脸上已有愠色时,内心就生起了一个评判:"她又开始给我使脸色,真是太不体谅我了。"这个评判发生在倾听之前，女人的什么声音男人都听不到。但如果能耐着性子放下评判，先去倾听女人的内在声音，你会发现那个声音只是在说："我很想你，想得到你更多的关注。"你会发觉，之前的那个评判就不成立了。

那是什么阻止了我们自由地表达感受和需要呢？

在心理咨询或者授课中，我会无数次地问对方："请你告诉我，你当时的感受是什么。"这时，大多数人都觉得去感知自己的感受和需要异乎寻常地难。最近与一位业内的老师一起筹备给大龄青年脱单的课程，我们决定在第一课时，就要求大家开始练习感知感受和需要。不出所料，结果相当不乐观——10个人里能准确地回馈出自己感受的少之又少，而能表达出自己需要的几乎为零。导致这样的结果，是因为小时候我们只被要求去表达想法，而压抑自己的感受。

所以在与自己的伴侣沟通时，如果耐着性子在评判前先去触摸，并且客观地描述感受：我没有接到你的电话，我很担心。如果再继续探求下去，还能进一步发现自己的需要：我的这份担心让我需要你能经常与我保持各种形式的沟通，你能每天给我打个电话吗？

女人能这样表达出来，男人自然能听得到；而男人如果能倾听对方的感受，满足对方的需要，对于一个女人来说，懂她，就可以排除一切的生活难题。

最要命的是，女人自以为是地去贤惠体贴，压抑自己的感受和需要，一切以男人为中心；而男人天性只关注与目标相关的事物，又忽视了女人内在的感受和需要。结果就导致平时的不沟通。在男人看来，眼前的一切是理所当然，在女人看来却是受尽了委屈。

女人天然的发散式认知模式，让她更关注别人的感受和需要，而男人却没有这个功能。长年累月，就只能看到一个女人在恋爱和婚姻中一边牺牲，一边埋怨男人。而一直压抑自己的感受和需要，还被女人错误地理解为坚强和独立。于是，随着女人付出越多得到越少时，她便强化了要坚强和独立的模式，甚至会丧失掉最初吸引男人的女性特质。而可怜的男人从未关注到女人的这些变化，在他眼里，自己的女人从最初的温柔乖巧，变成了今日开口即是指责的悍妇。

那么，到底是谁成就了谁？谁又应该为这样的结果来买单？我想你应该已经找到了答案。

优雅地向男朋友表达不满

"周老师,我平时总是告诉自己要控制情绪,但是一遇到事,还是会控制不住爆发出来。"一个女孩向我诉说。想必很多女生对此都深有同感。

当今社会,做女人真是不容易。社会进步,女人也同样要上班赚钱;回到家不但要承担大部分家务,而且种种夫妻相处秘籍告诉我们,还需要对男人和颜悦色——看着他不争气、不体贴、不顺眼,不能大声责怪,还要和风细雨地点拨;生了孩子之后,对女人的要求就更高了,面对越来越不懂事的孩子,一点一滴积累的对老公、孩子和生活的怒火,难免喷薄而出。做这样的妈妈、这样的妻子,谁都不愿意。无论内心多么强大的女人,都希望在家庭的港湾里可以顺风顺水，做一只温柔的小鸟。

事实上，没有女人喜欢看自己发怒的样子，我们也希望自己有兵来将挡、水来土掩、谈笑风生的自在模样。那么，如何才能优雅地向自己的男友表达不满呢？

现在如果你正处在恋爱关系中，那么恭喜你，我下面告诉你的这个方法，只要你在负面情绪上来的时候按照这个步骤去表达，不但可以让你越来越得到男朋友喜欢，也会很容易成为一个幸福的女人，顺利步入婚姻，拥有完美的夫妻关系和亲子关系。开头我说的那些场景，在你身上也都不会发生。

在学这个表达方法之前，我还是要申明一下，其实生活中的许多问题我们是要先去辨明究竟是自己的错，还是对方的错。比如说，男朋友边上厕所边看报纸这件事情让你很不爽，这个究竟是谁的错呢？我想，不同女孩的接纳度是不一样的。有的女孩觉得无所谓，有的觉得太过分，所以说这类所谓的"问题"就是你的问题，换句话说就是"你不能接纳这种现象"，导致你不满的不是你男朋友的责任而是你的责任。再比如，如果男朋友上厕所从来不冲马桶，那当然就谈不上是你的问题了。

我们今天学习的表达方法，其实更多适用于第一种现象，因为我们生活中碰到的百分之九十的问题都是第一种现象，第二种基本很难遇到。其实生活就是如此，我们看不惯的许多事，只是因为我们接纳度不同而已。

优雅表达的第一步：不评判地进行行为描述。这怎么理解呢？所谓的评判，就是带着指责的情绪用语，或者贴标签、上纲上线的用语。也就是说，你只需要带着中立的态度如实地呈现对方的行为就可以。举个例子，大家可以用心体会以下不同。

如果女孩不满意男孩因为打游戏而在两人约会时迟到了，可以有不同的表达方法。

未用优雅表达前：你怎么那么讨厌，为了打游戏你又迟到了，你心里根本就没有我，你根本就是没有信用的人。

这句话里，"讨厌""你心里根本就没有我""没有信用"都属于情绪用语或者贴标签。

改用优雅表达：你因为打游戏，所以耽误了我们的约会。

就这么简单，没有任何评判，也没有指责，只是如实呈现事情本身。

优雅表达的第二步：阐述具体影响。这个影响是要表达对自己的影响，而非对对方的影响，同时，这个影响越具体越好。为什么要如此？我们知道，由于每个人对世界的认知不同，导致每个人的理解能力、接纳度也会不一样，所以你眼里看到的事情产生的影响，未必对方就能想到，你不说，对方是不可能明白的。

优雅表达的方式是：我在这里等了很久，腿也酸了，心情也不好。

优雅表达的第三步：表达内外一致的感受。也就是说，你要表达的心理感受或者心理情绪是一致的。在这个环节，可以将你的情绪表达出来，而且这个情绪是你在生气之前的那个情绪，很短很细微，但你要自己捕捉到。

优雅表达的方式是：我很着急，也很担心你，甚至还会有很多的猜想。

结合以上讲到的三个步骤，一个完整的优雅表达就是：你因为打游戏，所以耽误了我们的约会。我在这里等了很久，腿也酸了，心情也不好。我很着急，也很担心你，甚至还会有很多的猜想。

对比原句，修改过的表达，既把你自己想说的说了，又让对方感受不到你的指责，这样可以减少很多的正面冲突。

许多女孩看到这里，肯定会说："当愤怒要爆发时，谁还管得了这么多?"愤怒起来时是很难控制,但问题是发火就能解决问题吗?相反,你每发一次火,你的男朋友可能就会离你远一步。

当然,我的这个方法并不是让你不解决问题,而是让你多留一点儿时间给自己和对方。让你看看他对这件事情的理解是怎么样的——也许他压根儿就是记错时间了;也许他潜意识里觉得你就是他不离不弃的亲人;也许他压根儿就没有去打游戏。只是这些"也许",在你发泄了你的愤怒之后,一下子变得无法了解。

通过长时间使用这种方法,你会发现,就是这样一个不指责、不评判的表达,让你看到了更多的事实真相。让对方更清楚地了解你的想法,会让你减少很多不必要的口舌之争。也是在这个过程中,让你的格局越来越大,对幸福的掌握度越来越高。

爱你的人喜欢听你多夸他

在我的公众号后台，有很多人向我求助：如何与异性沟通？而且女性求助者占大多数。这不禁也让我看到了一个真相：做女人，嘴好，才是真的好。

从初识男人、渐入佳境，到开始约会、蜜月期厮守、磨合期冷战，直至最后成功步入婚姻，关于在什么阶段与男人怎么沟通，是我们很多人成长过程中的一片空白地带。而且令人痛心的是，好多恋情在还未开始前，就因为不懂沟通戛然而止，羞涩的情侣因为文字误会各奔东西，恩爱的情侣因为语言暴力反目成仇。

而这一切，无非就是多说一个字或者少说一句话的问题。可见，女性的说话技巧对恋爱的风向会起到决定作用。所以，这门技术活，女孩子们学得越早越得益。

在这篇文章里，我们主要分享如何夸赞男人的技巧。这个技巧可能更多地会用于初识男人，或者与他刚刚建立恋爱关系时。但我想说，这个技巧，不仅可以贯穿你的整个恋爱和婚姻生活，更可以扩大到你周围的人际关系，让你的事业、生活、友情和亲情都能顺顺利利，因为这样夸，别人才会真的喜欢你。

在沟通中，我们都知道这样一个道理：要想让别人愿意听我们讲话，先得让对方喜欢自己，而让对方喜欢自己的前提之一，就是你的话能说到对方的心里去。那么，问题来了：我才刚认识这个男人没多久，我说些什么话，才能让他喜欢我，甚至爱上我呢？

今天我给大家介绍的一个工具，是NLP（神经语言程序学）里的理解层次贯通法。据我观察，许多政治人物在演讲时、公众人物在做节目时，他们的语言会显得很有说服力和感染力的原因，就是使用了NLP技术。那我们来看看NLP知识里的一个小小的模型，对我们如何夸人有什么样的帮助。

我们先来看一下NLP的理解层次模型：

这个理解层次是NLP的核心模型之一，对于确立人生目标、解决生活困惑都有积极的帮助。它具体的每一个单项的解释如下（由下而上）：

```
         系  统
        身    份
     信念、规条、价值观
        能    力
        行    为
        环    境
```

（1）环境：外界的条件或障碍（时间、地点、人物，其他事物）。

（2）行为：在环境中做了什么，没做什么。

（3）能力：可以有哪些不同的选择？已掌握，尚需掌握哪些能力？（如何做，会不会做）

（4）信念、规条、价值观：有什么样的信念和价值观？（应该怎么样，什么最重要）

（5）身份：以什么身份去实现人生的意义。

（6）系统：自己与世界中的各种人、事、物的关系。

那么我们该如何使用这个理解层次来夸赞对方呢？

我们都知道，夸人最重要的是不能空，像什么"你好帅啊，你好男人啊"这类话，对男人来说只会产生一瞬间的短期效应，刺激一下，几秒钟后就消失了，尤其对于经常听到这些话的男人来说；再者夸人不能假，比如，你一边拿着手机回微信，一边对男朋友说："哎呀，你真能干啊！那么快就升职了。"此时，男人会怀疑你心里没有他。所以，带着一颗真诚的心，学会夸到实处，是一切有效夸赞的基础。

那接下来就具体看看，理解层次在夸人方面的应用。比如最近求助我的一个女孩，她给我列举了自己心仪男孩的N个优点：交大博士、三观很正、脾气温和、为人善良、相貌顺眼、事业有成。只是不知道怎么才能让这个男生主动约她，或者可以进一步地了解和发展。

要想让男人有追求你的欲望，前提是让他对你感兴趣，怎么才能让别人对你感兴趣呢？让他知道你有多欣赏他！出于雄性动物的本能，任何男人都愿意和一个欣赏他的异性做朋友，只要这位异性不让人讨厌就行。

理解层次逐层往上，夸人的功效也就越强，当你说出的话已经直达对方的身份甚至系统时，你会发现，他看你的眼神也会越来越迷离。

接下来，我们就拿这位女孩喜欢的男生来举例说明，理解层次在夸人方面的具体应用。如果女孩与男孩有单独在一起的机会，女孩可以在有所铺垫的语境下逐层向男孩表达。

（1）环境：你上这么好的学校，能够博士毕业，应该是件很辛苦的事吧？

这里需要注意的是：第一，这句话是通过夸学校、夸学位来夸对方这个人，没有人不会为自己在这样优秀的学校毕业，并取得这样的学位而感到骄傲的；第二，你的任何一个表达都要给对方有滔滔不绝地表达的欲望。反之，如果你把这句话换成一句陈述句，可能话题的延展性就会差很多。

当对方在完成充分表达后，你就可以把他带入上一个层次。

（2）行为：难怪你在你们公司也这么优秀，不过除了你的博士学位，你做到现在的职位，应该也付出了不少努力吧？

这里需要注意的是：第一，话题要具有延展性，不要停留在原地。男人喜欢充分地表现自己，所以你要引领他从各个方面充分表现；第二，通常从学校到职场，都会有一段痛苦的磨合期，所以此处会有男主角大把的辛酸史。至于听男人讲那过去的故事时，应该配合的表情、身姿和语音语调，就要靠你自己了。

（3）能力：老板这么器重你，应该不仅仅只是你努力，也是因为你有能力，因为我看到有很多努力的人，但最后都没有成功。

这里需要注意的是：你刚肯定完他的努力又肯定他的能力，他就这样被你带来带去。此刻他的小宇宙已经开始膨胀，开始慢慢地觉得自己真的好优秀啊。当然，这时他已经悄悄地多看你好几眼了。

接下来，就是进入第四层次的时候了！

（4）信念、规条、价值观：我请教一下，你到底是坚持了什么样的理想或者信念，才让你可以成为今天这么成功的你啊？

这里需要注意的是：这不仅仅是一个夸赞，而且是一个非常好的了解对方真正想法的机会。

（5）身份：你真不容易啊，这么辛苦地一路走来，又做出这么多成绩和贡献，你们公司和老板缺了你可怎么办啊？

这里需要注意的是：这时要突出对方作为这个地球上独一无二的人的独特性，指出他的不可替代性，通常夸赞到这个层级的时候,已经开始让对方迷糊了。

(6)系统:你这么优秀,你的父母肯定也特别优秀了,他们有你这么一个儿子得多骄傲啊!

这里需要注意的是:不仅仅夸他这个人,把他们全家都夸进去了,能不晕吗?还可以趁这个机会了解一下对方的家庭背景,一举多得啊。

可见,层次越高,效用越强。但在应用的时候也别一下子就用到最上层。如果一上来就把对方的所有事项夸一遍,只会让对方完全摸不着头脑,反而会误解你的用意。所以,饭要一口一口吃,夸人也得一层一层来。

以上在NLP理解层次中夸人的用法,只是抛砖引玉,我不能保证你在这样夸完人后,对方就会立即爱上你,但至少你会成为一个他愿意继续交往的人。我相信,只要你带着真诚和细致入微的观察,以及这点小小的技巧,无论你是在恋爱道路上的哪一阶段,都能因为这些小小的改变,让你成为一个永远招人喜欢的女孩。当你越来越招人喜欢时,你的男神自然会被你吸引过来。

Part 6
第六章

婚姻让人成长：
在爱中找回自己

婚礼是场成人礼，非"成"勿入

由于接触的案例从"70后"到"90后"，年龄跨度越来越大，在研究理论和个体的过程中，不免开始研究每一代人的区别。在这个过程中，也让我对一些在咨询中和生活中碰到的独特现象找到了答案。例如，许多"80后"的单身女性会对男方的物质方面有着深层和极度的担忧。虽说作为咨询师应该做到"没有价值观"，但在同样的比较下，的确"70后"基本没有把物质条件放在首要地位。

每代人都难免会被时代的大环境影响，"80后"对物质的稳定和价值肯定的需要超过我们任何一代，这也是由于他们的成长环境造成的。但也因此，他们是非常务实的一代。他们的注意力在个人身上，一切出发点都以"实际"作为衡量标准，所以也比较容易出现实干型的年轻精英。但也由于这点，让他们中的很多人夹杂在精神和物质的纠葛中，生出许多的痛苦。与之相比较，"90后"由于很多父母主动担负起了买房的主要任务，反而要面对的是自己"任性"的问题。

在实际咨询中，大多数会让"80后"女生困惑甚至痛苦的就是喜欢的男人没有房子，或者对方的收入无法让女方产生足够的安全感。但又无法放弃一个爱自己的男人以及由此带来的满足感，纠结于物质和感情之间，痛苦不已。同样作为女性，我特别理解她们，嫁人就是穿衣吃饭，从古至今哪个年代的女性都想嫁一个可以让自己衣食无忧的人。

不过令这些女性普遍痛苦的是，她们好不容易说服自己：在到处都是单身女性的眼下，先和心爱的男人在一起，再慢慢创造财富，但往往几个月后甚至到了快结婚时，自己却被自己对物质的担忧打败，对男方又吵又闹，或者在纠结要不要临阵脱逃。换句话说，真正令她们痛苦的，不是精神和物质哪个更重要，而是以为可以有勇气与男人共同打天下时，自己又败下阵来的怯懦所给自己带来的羞耻感。

的确很痛苦。你以为你已经长大了，但现实却给了你一耳光——让你在镜子里发现自己还是个孩子。

当然，也并非只有女人才会这样。虽然《中华人民共和国婚姻法》规定的婚龄至少是20岁，但仍有众多即将步入婚姻殿堂的准夫妇的心智依然停留在儿童阶段。这个年龄段的人是什么状态呢？所有的事情全靠父母；不需要独立承担责任，出了事有父母顶着；没有独立解决问题的能力，需要别人的帮助。从这个角度来说，在进入婚姻这个门槛时，你是个成年人吗？

从古至今，爱情的动机就只是爱，而进入婚姻就存在着各种各样的动机。可以是为了生存，可以是为了爱，甚至可以是为了报复。既然如此，如果以婚姻为目的，那无论什么出发点，都可以理解。虽然我们还是倡导以爱情作为婚姻的基础，但既然是出发点，就尽量单一或者纯粹一些，至少不能是自相矛盾的多个存在。作为心理咨询师，我并不在意你以什么样的目的进入婚姻，但我需要协助你找到并解决是什么原因让你痛苦。

如果作为一个成年人，你选择以物质作为首要原因进入婚姻，那就要为自己所做的这个决定负全部的责任，并承担全部的后果；如果你作为一个孩子，你选择在婚姻中仍然依靠外在的力量，那必然会以失去自己的独立思考为代价。可现实往往是想要美好婚姻的结果，但却不愿意承受达到这个结果的路途中所要付出的代价和应该承担的责任。而当你退回到一个孩子的状态时，痛苦就产生了。

在许多"80后"的婚姻咨询个案中，这样的情况尤为明显。很多人以为自己是为了爱情而进入的婚姻。但当面对现实的柴米油盐时，突然莫名其妙地借着各种生活小事表现出自己的不满，可自己并不知道这些累积的不满来自何处。甚至当他们看到这一点时，很多人在惊愕之后，还是会本能地逃避。

对于你心底真正的需要，其实并没有什么是值得羞耻的，令你感到羞耻的是外在的那些评价标准。如果你硬生生地把它压抑了下来，你永远不知道它会在什么时候以什么样的方式突然窜出来。当它以一个你不认识的样子给你造成痛苦时，那就是你不正视自己的需要，从而给自己挖了陷阱。这就应了那句俗话"按下葫芦浮起瓢"，本质上都是自己没有真正想明白，没有准备好造成的。

即便你是以物质为出发点进入婚姻，如果想要让婚姻幸福，其实仍需要做到：对对方没有要求，对自己的人生负百分之百的责任。我看中一个男人，可以是因为他能为我提供宽敞的房子，但不能要求这个男人必须在房产证上加上我的名字，也不能因为之后这个男人可能破产，造成你无家可归后就一味地指责对方。

真正的成年人，是要对此时此刻的每一个当下的选择负责任——享受选择后的果实，也承担选择后的后果。婚礼上那些嫁闺女时说的话——"我把女儿就交给你啦""我女儿终于找到了一个好归宿"，说的都是父母的美好愿望，听听就可以了，作为丈人和丈母娘，鞭策女婿的话是应该说的，但作为女儿的自己，就别当真了。要不然只会让你的生活充满痛苦。你的责任是给我幸福快乐，我的责任是等你给我这些——持有这样信念的，只能是孩子。

婚礼是场成人礼，没有谁托付给谁，有的只是彼此照顾、风雨共济。无论你是以什么出发点进入的婚姻，想要幸福，必须以成年人的面孔和姿态去面对。

婚姻，非诚勿入；幸福的婚姻，不成熟的人勿入。

两个人婚前的必走之路

写这个话题，是因为据我的观察，我们中的大多数都缺少婚前教育这门课，我们理所当然地通过两个人交往、相爱，自然就走到了筹备结婚这件事上。但如果在婚前没有认真地抬起头来思考一下，我们现在是不是做好了结婚的准备，往往婚后半年就会开始痛苦的舌头和牙齿打架的磨炼。对此，相关数据显示，"80后"结婚三年内的离婚率已超过40%。

或许，你可能对这个数据不屑一顾，但我还是希望你能空出时间来看看以下的这些思考点，能完成的部分越多，那说明你对婚姻的准备越充分。作为一个女孩，当你在想到结婚这件事的时候，是不是满脑子的婚礼、婚纱照和你们的新房？如果是这样的话，请对你的头脑叫停，因为你可能只是把婚姻当成了婚礼。在结婚之前如果你不做好准备，可能需要用下半辈子的痛苦来为那一天的光彩买单。

在这里我首先想要你思考的问题是：你们是不是还处于迷恋期？也就是说，你们是否仍处于在无力抗拒的地心引力中，彼此磁性相吸，难分难舍，恨不得明天就领证的状态？当然，我不是说这个状态不好，我的建议只是你不能从这个状态里直接就进入婚姻。两情相悦的童话故事也只属于王子和公主，对于我们这些平凡人，热恋期的美好破灭，磨合期的痛苦揪心，并从痛苦中获得启示后重新建立关系，才是我们婚前的必走之路。

因为在经历这一个个阶段后，你才能与真实的自己和对方相遇。如果少了哪个环节，以上的过程就需要你在婚姻里走一遍。当然，经历过这些过程的情侣们，并不代表婚后就不用经历这些，也许同样的陷阱，你会掉下去两次、三次甚至更多。记住，那些陷阱都是老天赐予你发现真相的机会。你掉下去一次，只能证明上一次你看得还不够清楚，仅此而已。

如果你已经历了以上阶段，并决定两个人要幸福地生活一辈子了，接下来，请考虑一下，你对对方的原生家庭是否足够了解。如果你认为婚礼之后只是你们俩生活在一起，与对方的父母保持适当的距离就可以，那这真是天大的误会。

事实上，对方的父母一直与你生活在一起，只是借用了你伴侣的身体。你伴侣的原生家庭，无论带给他的是幸福还是平淡，或者是悲伤，无论他与原生家庭的关系是亲密的还是排斥的，都是他的父母铸就的。也许在婚前你经历了一个完整恋爱的过程，可你对伴侣这个人还无法做到充分的了解。真正能了解对方的渠道，就是通过对方的父母。

你可以去观察他父母之间的行为模式，尤其是夫妻之间的相处模式，他们又是如何与他们的孩子也就是你的伴侣互动的，特别要观察一下父母中与你的伴侣同性别的一方是个什么样的人。比如你可以观察一下未来的公公平时是如何对待婆婆的，他们俩发生争执的时候是如何处理矛盾的，他们是否会过度干预或者冷淡自己儿子的事情？你的未婚夫又是如何与他们互动的，是经常发怒还是关系很冷漠？

以上种种，没有好坏、对错之分，只是作为你去更好地理解你所爱的这个人的途径。要知道，无论他对自己的父亲有多么愤怒或抗拒，无论他的母亲对他的嘘寒问暖多么理所应当，他在骨子里都会深受其影响。也许他父母的很多行为，是你的伴侣所不认可，并且抗拒和反对的，但不容怀疑的是，那些他所抗拒的，都无形地缠绕、影响和控制着他的行为模式，并且是在他无意识的状态下。

当然，你的伴侣也会来了解你的家庭情况。在对双方的家庭背景和父母有了充分的了解后，建议你们很理智、很平静、不带任何评判地讨论一下自己的父母，以及自己与父母之间发生过的事，特别是那些让你们悲伤难过的事。当你诚意地向对方敞开心扉的时候，对方也会向你坦陈那些埋藏在记忆深处的事件。请注意，我说的这一点，并不是在让你发现对方的原生家庭一团糟的时候拔腿就跑。当然，如果这些情况能把你吓跑，那可能对方真的不是你要结婚的那个人。

我们做这件事，只是为了让你们能更深入地了解对方，更清醒地理解他日后可能产生的一些行为。比如日后争吵时，你要能理解对方为何为了眼前的这件小事与你争吵，只是因为你是把他之前的旧伤挑起的人。你能看到这一点的前提是因为你了解他的过往经历，在深深的理解之下，争吵也就不再会继续；同理，你对自己的原生家庭带给自己的烙印是否足够了解呢？如果你有足够的智慧看见自己的问题，可能你们之间连争吵都不会发生。

有"我们"的意识再结婚

在对彼此的原生家庭都有一定的了解后,再去试着理解对方,也就变得相对容易了些。接下来,你将那些了解落实到以下情境去练习自己的观察,并在不断的实践中调整彼此,相互适应。

首先是行为习惯。如果你的未婚夫一回家就把一双鞋子往左踢一只,往右踢一只,而你是一个规矩的、一进家门就把鞋放进鞋柜里的人,那可想而知,婚后,在孩子抱着你的腿哭、油锅冒烟、楼下快递还在按门铃的时候,遇到这个情景,你会有多么火大。而当你了解对方的这个动作完全是从原生家庭习得的以后,你就不会认为对方的这个动作就是给你故意找碴儿,甚至是不爱你的表现,他只是下意识地重复了一个二三十年的习惯,至于为什么,他自己也不知道。

不久之前,我与一位女伴聊天时,同时说到一个好玩的现象,就是我们的先生都会在家庭争吵中,大声地说:"你看看你,都不给我做早饭!"当然,争吵过去后,先生会来解释说,知道你也很辛苦,吵架只是吵架,并不是真正要求你来做早饭。但等到下次争吵再发生时,同样的话又被抛了出来。

其实,放在家庭生活的背景中去看,是可以理解的。我们从小习惯于一早睁开眼就吃到妈妈做的早饭,而同为女性的我们,并没有觉得自己没做早饭有什么不对,但男性就会在早上吃不到早饭时,将愤怒投射到同为女性的我们身上,也就是把我们当作了自己的母亲。关于这样类似的问题,很多结婚几年的夫妻几乎都会遇到。往往解决的方案是,等孩子出生、女人升级为妈妈后,不得不为自己的孩子做早饭,这个问题也就随之解决了。

所以我建议在行为习惯方面,两个人可以各自列个清单,将自己在每一个时间段内的习惯是什么记录下来,并彼此讨论。当然,如果你们在婚前能有一段时间的同处,类似的现象就会早发现,并且在你看过这篇文章以后,我希望你能将这些观察拿出来，当作一个现象来讨论。当然，不建议你带着任何情绪来讨论这些观察，而是把它当成一件有趣的事来讨论。当你的伴侣在一些好玩的观察带动下，了解到自己的行为模式以及背后的原生家庭时，他也会对你有更深的了解，并且会避免在之后的婚姻生活中所带来的潜在冲突。

在彼此了解行为习惯后，接下来你们要勇于面对一些让你们觉得害羞的事：对性的感觉和对金钱的安排。

至于准夫妇在婚前是否要讨论彼此的性经历，是自己要把握的事。我在这里提出这一点的意义在于，我的一位婚姻治疗师朋友告诉我，她所接手的八成的婚姻危机个案中，其中有八成与性关系不和谐有关。问题的关键在于，这些不和谐从婚姻一开始就有，而且夫妻双方从不就此展开讨论和沟通，更谈不上去改善，而最终成为导致婚姻走向死路的原因。那为什么我们不从一开始就直面这个问题呢？

基于我们的教育很少有这方面的知识普及，我们更需要在家庭这样私密的空间里对此展开深入的讨论。我不想科普性知识，只想在这里强调伴侣之间对性话题的讨论是何等重要。如果你真的爱对方，肯定想给他美妙的经历，同时也想让对方给你。那么交谈彼此的感受就是非常重要的。当你们真实地谈自己的需要和感受时,对方只会不断地满足你。你们甚至可以每隔半月或一个月就把这个话题拿出来讨论:"我该做什么或者不做什么,会让你感觉更好?"

如果你们在这方面都保持沉默,就如大多数婚姻不幸福的女性,婚后将之视为完成任务,或许还会压抑自己去伪装迎合男方,相信我,用不了多久,你对婚姻的不满会通过另一种形式发泄和表达出来。

对于钱,也是许多人会本能地回避的。大多数人认为谈钱伤感情,于是很多人在没有确定好家庭财务规则后就进入了婚姻,想想原生家庭给我们带来的习性冲突,并且在婚前没有达到一致规则的情况下,婚后再谈钱,更伤感情!

一般单身的时候,可能收入仅够维持生活必需。但两个人在一起时,好像"有点儿钱"就带来了烦恼。如果没有就此事先形成计划,那财务问题就可能成为夫妻问题的战场。夫妻之间很可能就为了这个问题大骂对方冷血、自私,从而伤心伤财地离开婚姻。

如果在婚前就制订好规则和计划,比如是否要由一人管理全家的财务,或者每人各交百分之多少进公共基金,完全取决于双方的协商一致。由于中国家庭历来边界不清，很多夫妻婚后的争吵都在于，给对方父母的钱与给自己父母的钱没有一碗水端平，在这点上，要明确规则，给双方父母的钱，是列入共同基金还是列入自己的私人支出。

对此，我建议准备步入婚姻的伴侣们多向结婚多年的夫妻们请教——会有哪些可能的支出在婚后要共同面对。这样你们的财务计划可能会更科学、更现实。

在这里，我想给即将步入婚姻的情侣两点基本的建议：财务公开，因为一旦进入婚姻，这就是两个人共同的事，钱在谁那儿不重要，重要的是两个人需要为了这个家共同做财务计划；公平，双方要达成共识，谁都不能在对方不同意的情况下去购买大件商品，或者接济自己的原生家庭，即使你用的是所谓的"自己的钱"。还是这句话，婚后就没有什么财产是绝对属于自己的。与另一半商量讨论，正面沟通才是正确的选择，否则这必然会为之后的危机埋下隐患。

其实以上的这些，归纳总结，无非就是在训练准伴侣能有"我们"的意识，而渐渐淡化"我"的思想。在婚后，"我们"就是最重要的关系，这样的关系超越了"我"与原生家庭的关系，甚至"我"与未来子女的关系。只有夫妻关系的稳固，才是一个家庭甚至几代家庭的定海神针。而这个定海神针，在婚前就应该把它扶正。

女人都需要一场盛大的婚礼

前段时间,一对明星的婚礼在热心的朋友圈里滚动地刷了好多天,随之而来的评论也铺天盖地。表达羡慕的自然是大多数,毕竟佳偶天成、郎才女貌;也有许多抱怨的,奢华炫耀、艺人作秀;甚至还有诅咒的,冷眼旁观,看看这么嘚瑟能撑几天。同一场婚礼,不同的人持有不同的看法,也很正常。

同时,在我的朋友圈里,我还发现这样一种声音:"如果我结婚,我绝对不要男人这样破费,什么婚礼、钻戒都不要。结婚是两个人的事,领个证谁也不告诉。"这句话看着如此眼熟,于是我回了一句:"姑娘,这是你的心里话吗?"

曾经在很多年前,我也信誓旦旦地坚持着声明过很多次:不要婚纱照，不要钻戒，不要婚礼。但在自己快要步入婚姻时，心底的声音一再浮起，对我眼里看不上的这些俗事的渴望一天天强烈起来。最终，我终究没有免俗，婚纱照、钻戒、婚礼，我统统都要。自从第一次跨入家门口的婚纱影楼，我在这条路上就一发不可收拾，而每一个项目的完成，都令我深刻体会到结婚就应该俗气到底。

当两个人的幸福影像挂在家里的时候，对这间房子而言，像是一个宣誓：我们是这里的主人，我们幸福的生活即将开始。当钻戒套在无名指上的那一刻，感觉到身边的这个男人给我的承诺可以直达我心底。尽心竭力地筹备婚礼，每一个细节的精心筹划，嘉宾到场见证和祝福，两个人在婚礼上的郑重宣誓，在喧嚣、热闹、隆重、精彩的过程中，全身心地浸没其中，那一刻自己的幸福与他人无关，只是暗自庆幸还好没有免俗。

自古以来，婚嫁都必须要竭尽所能地热闹，从古法上来说，这样的热闹有几点好处：

第一，知道的人越多，新人收到的祝福也就越多，而这对这场婚姻起着正向的作用。

第二，婚礼上闹过了，夫妻两个过日子就会少很多的吵闹，就能太太平平地过日子。

第三，这样一场仪式，对男女双方走向成熟的象征意义巨大。这是一个对年轻的告别，这是一个走向成熟的起点。对我们不太擅长表达情感的民族来说，也是父母向儿女、儿女向父母表达爱的难得的机会。

第四，一场盛大的婚礼，无论是从成本上还是精神上，都要有相当大的投入。婚后如为一些琐事吵吵闹闹时，想起花了这么一大笔钱办婚礼，婚礼上当着那么多人的面宣誓，自己曾经把那么多人都感动过，眼前的这点儿小事就不会计较了。细心观察身边草率离婚的夫妻，其实他们大多缺少一场这样盛大的婚礼。

冷静下来后，我一直在想，为什么我几乎在瞬间就推翻了我曾经超凡脱俗的誓言？起先我认为在这个快节奏的社会，什么都追求效率，所以新时代的青年人就自然而然地用最少的时间和金钱的成本去完成一件事，那才是我们应该做的。领个证就行了，也省去了很多麻烦。后来我发现有这样的想法只是为了想让自己尽早结婚而已，表面看似怕麻烦，实际却隐藏了一颗恨嫁的心。

再后来，我认为是自己想标新立异与众不同，在女多男少的世界里，想要让男人更多地倾慕，自然要有不同的思想，而这份思想能让男人印象有多深，就制造多深。于是，不要婚纱，不要钻戒，不要婚礼，这样的宣言就想当然地冒了出来。为了满足以上种种，我硬生生地把自己的欲望压抑了下去，并且用我的头脑告诉自己：我不需要！

作为中华民族的优良传统，我们从小学习"口是心非"：爸妈看着桌上的红烧肉，孩子让他们吃，他们摇摇头说，我们不需要；我们的母亲，在生活富裕后，明明有一件漂亮的衣服可以立即穿上，她却摇摇头说，不需要，以后有机会再穿，于是一年又一年地压箱底，等到自己身材走样，再也套不上它时，只能在落日中抚摸它，唏嘘岁月的无情。我们又何尝不是呢？

其实任何一个姑娘的心中都有一个公主梦，而在现实世界中，实现这个公主梦的机会应该只有办婚礼这一次，你真心敢说这不是我们作为女人本有的欲望吗？明明有欲望，想想觉得不可能，就非得说自己不需要，久而久之，也就真的以为自己不需要了。在某一个当下，你明明有机会去拥抱你的欲望，你却对它甩甩手说："不要啦，我不需要啦，你走吧。"你硬生生地就把老天给你的礼物关在门外，而你失去的何止是一份满足你欲望的礼物。那份在应该的时间应得的礼物所带给你的美好感觉，以及拥有它日后所带给你的美好回忆,你都一并拒绝了。

想想我们把身边唾手可得的礼物拒之门外后,我们的欲望会就此消失吗?不会,它依然在我们的潜意识深处藏身。在日后抓住某次机会,它会突然不知道从哪儿冒出来,让你无力阻挡,猝不及防地加倍向你声讨。它会大声地对你说,它需要被补偿!当它以别的面目出现时,你的伴侣根本无法接受。眼前的女人怎么会如此胡搅蛮缠、歇斯底里,与婚前的那个体贴入微的她简直判若两人。

起初,你也被自己吓坏了,直到你自己发现了真相:这份补偿后面隐藏的,就是因为当年没有被满足的一场婚礼而已。你很难相信,曾经那么坚定的信念根本就是不真实的,那个信念只是被你压抑后,变成了你说服自己的一个说辞。真实的自己,真实的心愿,从来没有离开过你的心底。而现在的它,变得愤怒无比,由于当年应该得到时未被满足,现在的它岂能如此轻易放过你。它需要被满足,而且是加倍满足!

世间可能确有一些女子,真心觉得有没有一场婚礼都没有关系。我想说,这篇文章只是对想有却对自己撒谎的人说的。那如何判断"我不要婚礼"这句话是心底真实的想法,还是你说服自己的说辞呢？很简单，问问自己从小到大有没有梦想过自己要当个公主？有没有在参加别人的婚礼时被感动？有没有想过自己站在聚光灯下起誓的画面？如果有，那就别硬撑了。

在欲望生起的当下，能满足它时，我们尽量满足。如果有一天，我们的心智足够成熟，你的内心会去穿越那份欲望，看见一样你以为会渴求的东西，心不再动，瞳孔不会再放大。那时，你也就不再需要去对它做什么了。

世间万物的来去，都有它的时间，不要用头脑去拒绝经过你生命河流的每一份美好。在你心动的那一刻，请起身微笑，伸手拥抱。

值得男人钟爱一生的女人

最近在跟一位年轻姑娘聊天时,她谈到自己虽然已经学习了一段时间恋人之间的亲密关系,明白了许多道理,但有时与男友相处时还会时不时地有些莫名的小情绪冒出来,这让她有些苦恼。听完她的诉说以后,当时我脑子里突然就冒出来四五年前看过的一部电视剧——《乔家大院》。然后,我对她说:"你把《乔家大院》看一遍,看看乔致庸为什么会和他的妻子恩爱一生,看看他的妻子陆玉菡是如何让一开始心并不在她身上的乔致庸回心转意。"虽然我已经遗忘这部电视剧很久了,可关键时刻我的潜意识还是跳出来提醒我。确实,像陆玉菡这样的女人,值得真正的男子汉倾尽一生去爱。

记得当初,我看这部电视剧的时候迷上了乔致庸的形象。觉得那样的在逆境中屹立不倒,并且越挫越勇的男子汉非常值得让女人托付终身。随着这几年自己心智的成熟,我渐渐明白,成就这个男子汉形象的一大部分功劳,其实是来自他的太太陆玉菡。

乔致庸虽与青梅竹马的恋人江雪瑛私订终身,但在家道中落时,为了挽回家业被大嫂安排迎娶了富家女儿陆玉菡。在最开始时乔致庸与陆玉菡只是形式婚姻,但几经大风大浪,陆玉菡最终靠智慧和勇气赢得了乔致庸的心,并且在乔致庸的生命中成为坚定的守候者的角色,令乔致庸笃定地与她恩爱一生。

随着《芈月传》的开播,刘涛那段作为贤妻的故事又被翻了出来,令无数人疯传。不管是蒋勤勤扮演的陆玉菡,还是现实生活中的刘涛,她们到底做了什么,才会令家庭稳定,令身边的男人倾尽一生来爱她们呢?

陆玉菡在乔致庸家道中落时,用娘家的银子帮其渡过了难关,在乔致庸为了初恋在新婚之夜出走时淡定留守。当再次面对乔致庸时,陆玉菡不哭、不闹、不折腾,只是淡定温和地表达自己的需求。而在他再次落难时,陆玉菡冒着与娘家断绝关系的风险,倾尽所有帮助他。我相信乔致庸的确也因为家庭变故屈服，但最终征服他的，一定是陆玉菡对这份婚姻坚定不移的信心和孤注一掷的勇气。

刘涛的故事也是如此，虽说是从青葱的少女走来，但当天大的灾难降临到家庭中时，作为女主人，她坚强地站了起来，顶起了头上的这片天。不但日出夜作，而且还回过头来安慰失意的丈夫："别怕，我在，这个家散不了！"这对于男人而言，意味着什么？这份妻子给丈夫的坚定，对于男人来说，就是一份恩情。任何一个有血有肉的男人，必定会以一生的温柔来回报。

现实生活中，女人总在潜意识里把自己当作弱者，所以才会对所谓的男女平等、女权这样的话题特别敏感。我还记得在最近一次的《中华人民共和国婚姻法》修订后不久，微信圈里就疯传着一篇文章——婚姻法这样改了，女人都不敢结婚了！大致内容是抱怨对婚前的财产、父母捐助房产、婚后共同财产重新约定的不满，表达了女性作为弱者（虽然没有明说）在婚姻制度下被欺凌的硬生生的愤怒。法制的进步肯定会越来越体现公平性，男方及其父母买的房因为一纸婚书就被你抢走一半，要我说那才是最大的不公平。我们的现代教育，虽说把女人教育得有知识了，但也把女人教育得没智慧了，自己老想着要通过婚姻占男人的便宜，而男人也不傻，只能一个个都躲得远远的。

为什么会这样？因为，男人是比女人更脆弱的动物。

在一次在心理学课上，有一位业内大咖对我们说："女性们，你们一定要对身边的男人好一些，尤其是40～60岁的男性。据我观察，大城市里80岁以上的老人，80%都是女性，而没有陪她们熬过80岁的那些老头，基本上在40～60岁承受过相当大的生活压力，这些压力很大一部分来自他们的老伴。"

一个情绪稳定、重情重义，并在事业上能助男人一臂之力的女人，自然会减轻男人的生活压力，还不用在猜你的那些小心思和安抚你的小情绪上浪费很多脑细胞。想想人生还有什么比与身边人可以健康快乐地相携到老更重要的呢？可我们生活中的一些女孩，别说进入婚姻了，就是在恋爱里，也习惯不停地折腾男人：有点儿小事不满意就下分手通牒；对现男友不满意就跟别的异性暧昧；对生活中可以直接沟通的事情不直接表达心意，而是想着法儿地让男人去猜；总是莫名奇妙地设置种种考验来检验对方对自己的真心；结婚前为了在房产证上加个名字搞得鸡飞狗跳……

虽然很多男孩子也会如此，但由于女人天生的不安全感作祟，在恋爱和婚姻中"作"的大多是女性。在这些女性身上，我看不到情意浓浓的深情、肝胆相照的义气、刻骨铭心的爱情，自然也见不到不离不弃的默契。而这些因素，却恰恰是令男人愿与你终身厮守的原因。

也许有人会说，见过很多女孩子投入了很多，但男人还是始乱终弃。诚然，维护住一段好的婚姻，其实还需要相当多的其他条件，例如：你用感情和精力投资的这个男人，首先他不是个人渣，这个男人品质不会变坏；其次还要保证你对他能有持续稳定的情感投入；等等。这又回到了一直以来的一个话题：每个人，一定要先做好自己，才有余力帮助身边的人。

其实，每个人都应该对自己的人生负责，自己安抚自己的情绪，自己承担自己婚姻内的责任，不把自己人生的责任托付在另一半的肩上。这对于你的另一半来说，其实是一件非常开心的事情。如果在对方人生的关键时刻，你能知道他最痛、最需要的是什么，且有余力毫不踌躇地补上，那这个男人必将视你为恩人。

恩爱夫妻，"恩"重于"爱"。传统智慧已经把很多道理说得很透了，就看你愿不愿意早点儿明白。

好伴侣都是人本治疗师

有调查显示，学习心理学甚至从事心理咨询行业的女性，婚姻的幸福度会更高。从我自己一路走来的经历看，深以为然。众所周知，其实亲密关系是所有关系中最深的关系，而由于这份关系所带来的安全感，让我们肆意地将我们的创伤暴露在这份关系里。由于一方的创伤是引发战争的导火索，从而有争论、争吵和伤痛的出现，当这些旧痛浮现的时候，就是最好的治疗时机。

如果有心理学基础的一方，能够觉察到自己的旧痛，那他会下意识地主动终止这份争吵；同时，如果一方是心理学从业者，他不但能觉察到自己的旧痛，还能看到伴侣的问题，从而伺机去疗愈对方。

所有的心理学流派里，现代意义上的心理咨询都是以"人本主义"为基础的。

人本主义学派相信,每一个人都有积极向上的动力,都能够通过自我的力量走出心理疾病的阴影。故人本主义积极倡导给予人们鼓励、关爱和理解,帮助他们提高自己的信心,从而达到自我治疗的目的。在"人本主义"出现之前,有过精神分析流派、行为治疗流派和认知治疗流派。当人本主义出现后,其所倡导的无条件积极关注和同理心被现代心理咨询视为心理咨询的基础。

不久前,我看过人本治疗大师罗杰斯的现场治疗视频。在治疗过程中,罗杰斯所展现出的人本主义的关怀、真诚和理解,让来访者有了很好的体验。来访者从而能主动地更深层地探索自己,整个治疗过程弥漫着爱和理解,在视频这端的我也被深深打动。

我个人认为,人本主义的精髓也可以运用于夫妻伴侣的相处。其实我们的婚姻有许多机会也是在做心理咨询,只不过是一种蹩脚的单一运用。比如,我们与伴侣争吵后,会对他进行精神分析——他是怎么变成这个样子的,因为他爸妈就是这样的,当然我们是以分析对方的父母来表达自己的抱怨;要不就是强迫对方改变行为——你进门就得把鞋脱了以后放在这个地方,否则以后就不许你吃晚饭;而最擅长的就是变了形的认知疗法——你是怎么想的啊。我们就是这样，天天在对自己的伴侣讲道理。

在以上的这些方法中，由于缺乏对伴侣的理解、关爱和同理心，任何一种方法的单一运用，都会令对方产生情绪上的阻抗，时间久了，你说什么都无效，爱意也可能被消磨殆尽。

做心理治疗的前提条件就是，在一个足够安全的条件下才能进行。如果去见心理咨询师，咨询师还需要创造这样的环境和条件让来访者感到安全。但良好的亲密关系本身就提供了这样的安全感，因为我们感到安全，所以我们才会在伴侣面前暴露创伤。但怎么利用这份安全感，才会对两个人的关系走向起决定性的作用呢？总体来说，作为一个有觉知的伴侣，我们可以试着在一份伤痛暴露后做到以下几点：

第一，创造安全的气氛。当一个咨询师让来访者感到不安全甚至被否定时，来访者不会放轻松并主动表达自己的真实想法和意愿。同样，在一段关系里如果对方总是不跟你表达真实的想法，或者做很多事都瞒着你，你先别急着愤怒，想想自己是不是没有给对方足够的安全感，是不是每次他做了什么事，表达了什么意见，都被你全盘否定掉了。自然，久而久之，他在你这里体验不到安全感，也就会采取让他觉得"安全"的方法了。

第二，表达无条件的积极关注。作为咨询师，我需要将自己的所有能量集中起来，去倾听对方所有的言语以及言语所不能及的部分，让对方感觉到他的声音被我听到了，甚至他内心的声音也能被我读出来。而作为伴侣，积极的倾听是我们可以学习和采用的。在与伴侣的沟通中，我们习惯了主观地去表达自己的想法，打断、否定对方的想法。所以我们可以试着把自己的嘴管好，全身心地去倾听和感知对方的情绪、感受和信念。当对方把自己所有的痛苦发泄完后，他自己就会轻松很多，接下来就会有力量进行自我探索。

第三，只做对方的一面镜子。在咨询中，人本主义相信来访者有自己的力量去解决问题，而咨询师不回答来访者的问题，更不为来访者做任何决定。所以在伴侣关系中，我们只需要重复对方的话以及未被他表达出来的感受。试着在他表达情绪后，只是简单地重复他说的话，比如：你说你很愤怒，是因为我做了××事，对吗？当他认同后，会对你表达更多。

在这个过程中，我们要按捺住自己的情绪不做任何解释，只是重复，单纯地重复对方的感受，直到对方把情绪发泄完为止。他会意识到你所给他的空间以及这个空间背后的爱和宽容。相信对方会冷静下来面对自己的问题，去检讨自己，从而让自己得到成长。

当然，也许有人会觉得这个做法太理想化，在亲密关系中，往往争吵出现也就是创伤浮现的时候，关系本身都会变得非常艰难，眼前的这个人对你比普通人还要恶劣，怎么可能还能像上面说的这样去平息自己的情绪，还要给他做治疗呢？是的，大部分人没有专业处理创伤的能力，但我们拥有爱，爱的力量能够处理所有的创伤。爱就是理解、接纳、无条件地接受对方。在爱的滋润下，很多创伤都会慢慢地被修复。

在我自己婚后不久，有一次和先生争吵，可谓天雷地动。在当我先生突然向我控诉着一些我不存在的罪名时，一刹那，我突然意识到他所控诉的并不是我的问题，而是他自己的旧痛浮现。我便冷静了下来，一直望着他，倾听他说的每一句话，在他发泄完，渐渐冷静下来以后，我走过去握住他的双手并给了他一个深深的拥抱，争吵自然就结束了。等我们都冷静下来后，我们在轻松、平静和安全的环境里，一起对自己做了深层次的探索和分享。虽然我的先生不懂心理学，但学习能力还算比较强，在之后生活中出现类似我的旧痛浮现时，他也学会了这个方法，从而让我们的伴侣关系有了很好的滋养。

如果创伤在亲密关系中被修复了，关系就会继续往前走，不然可能引发二次创伤。这样的话，创伤裹着创伤，达到自己所能承受的临界点时，这段关系也就崩溃了。其实外界所发生的一切都不是偶然的，而是在创造机会让我们成长。

如果你已经是一位有觉知的伴侣，为了你们的关系，为了对方的成长，可以试着学会用这样的方法。当然，如果你仍然无法看透伴侣之间的互相伤害的本质，那这篇文章可能并不适用于你。

女人大智若愚的聪慧

黑夜给了我黑色的眼睛,我却用它寻找光明。

——顾城

"他就是这样一拳打在我脸上。"眼前的少妇边说边把左脸侧向我,指了指脸庞,仿佛那上面还能看见被欺凌的痕迹。

"能不能告诉我,发生了什么,他竟然打了你?"

"我们只是在吵架啊。"少妇说得理直气壮。

"他打你之前,你说了什么?"这句是我的直觉使然。

"我跟他说,你打呀,你不打就不是男人!"少妇委屈地说着,"可是男人就可以因为这样一句话来打我吗?那他还是不是男人?"

"是你告诉他,不打你就不是男人,他打了你才是男人,所以不打你就意味着认怂。你让他怎么办?"我盯着她的眼睛,逼问道。

"……"

"现在人家打完了,你又说人家不是男人。你让你的男人是打还是不打呢?"

停了一会儿,她拿左手摩挲着自己的左脸,轻轻叹了口气。

家暴事件中的施暴者永远是道德评判中错误的一方,我看过很多被施暴者通过道德和法律来哭诉自己的不幸。诚然,暴力不可恕,只是我更希望我的来访者可以看到,自己在这个悲剧中应该承担的责任,自己是如何在这个过程中一步步把对方逼成了被道德谴责的恶魔。

在这里,我想说:"最终把对方变成恶魔就是你要的结果,因为在你心里,早已把他想象成了恶魔。你一步步做的,无非只是一个求证的过程,最终你得到了你要的答案。"你是不是应该为此而高兴呢?可结果却让我们如此痛苦。

我们天生就爱做证明题,这个病根是不是从初中时就落下了,不得而知。下面就让我们来看看,平时我们都是怎么做证明题的。

证明：我男朋友不爱我了。

已知：他已经有半天不接我电话了，连打了十几个都不接。

定理：男人不接女朋友电话，一定是因为和别的女人在一起。

论据：

1.翻他的手机，查看最近的微信、短信记录，发现若干新加的女孩，哥哥长哥哥短地叫着。

2.通话记录里，最近的通话都是单位里的那个小妖精的。

3.男朋友看到我查他的手机，勃然大怒，拿起手机摔门而出，都已经一周没联系我了。

结论：我男朋友果真不爱我了。

这样的证明题我们做得乐此不疲：婆婆怎么会那么好心给我买礼物，我翻遍了老公的衣兜，终于发现了那张购物小票，他竟然藏私房钱买礼物，还骗我是婆婆买给我的。要不是我聪明，还真被他忽悠了。我们总是太过聪明，确实，一道道证明题也都被我们做对了。只是，这样的证明题做出来谁又会乐意呢？婆婆不高兴，你不高兴，老公直接生气了。

在亲密关系中，我们心中对于一些无关原则的小事的怀疑，到底要不要去求证？要我说，有一条标准：看看证明的过程和结果是不是会让谁不乐意？只要有一个人不乐意，这题就不值得做！

因此，在亲密关系中，不如让我们学着"二"一点儿吧。你肯定会想：北京方言里的"二"，不就是"傻"吗？

注意，我可不是在教你装傻。其实，我挺不喜欢"装傻"这个词儿的。因为我相信，如果在生活中对某些事不满意，而且还得装豁达大度，那么潜意识里的不满不仅会像韭菜一样，一茬又一茬地长着，而且会在你根本没有防备的时候窜出来。比如你装傻不知道老公把钱借给他们家的亲戚，心里劝自己别多管闲事，别多操心，要做大度贤惠的妻子。结果晚上面对欲火焚身的老公，一个无影腿就把他踢下了床，没准你自个儿都没明白，自己哪来的这股邪气。

"二"得是真傻，是压根儿不想弄明白真相的傻，是就算知道了真相仍然一笑了之的傻。女人要"二"，不是为了别人，只是为了自己。把你宽松的裙子撩起来看看，身上那些难堪的赘肉其实和你人生的小秘密一样，不愿意让人瞧见。你以为你的男人真的看不见吗？他还不是天天对穿上裙子的你说："宝贝你真美。"咱们谁也别笑谁，放人家一马，也是放自己一马。

"我是挺'二'的，他在外头都养了3年的小三了，我才刚知道。你还教我'二'？"瞅瞅你自己，面色蜡黄、腰身三尺，除了孩子的话题，无论老公说什么你都插不上话，你说你"二"不"二"？

我要说女人的"二"，前提就得是对自己满满的爱。把注意力放回到自己身上，也就真没时间去做那些证明题了。而且这还有不少好处：多去去美容院；如果经济条件不允许去美容院，那就多练练瑜伽；再不济就多买几本书，让自己多一门本事或者增长眼界。无论你做什么，对你的爱人来说都是件挺高兴的事。这么一来，身体也健康了，家庭也和谐了。

"二"对于我们现代女性来说，就是智慧。但这份智慧，从小是没人教我们的，因为我们母亲那一代大多是在"与人斗，其乐无穷"的口号中长大的。她们中大多数人的人生里，一半就用在了"斗男人"这件事上。我们都觉得她们过得不幸福，我们也都不愿意成为那样的大多数人。

从容地面对生活中的鸡毛蒜皮的小事，淡定地面对无常的人间万象，喜悦地迎接家人关爱的目光，我们就会活得风生水起，有滋有味。我们不会再浪费时间苦苦求证，因为宠溺自己的时间还不够用呢。

黑夜既然给了我一双黑色的眼睛，不如就把眼睛睁开吧。

看见意图，更容易获得幸福

一个冬日的清晨，当先生把一碗酒酿炖蛋端进卧室，给还在赖床的我时，我着实吃了一惊，因为我没有想到，自己昨日的一个要求还真的实现了。当他匆匆离家后，我重新钻回被窝里，开始好好地研究自己刚才那个微妙的心理过程。我之所以很吃惊，是因为之前他也随口答应过给我做菜但一直没有实现，所以在昨天跟他开玩笑时特意在末尾抱怨了一下，对他答应却做不到的事情表达了严重的不满。

但如果他今天还是没做的话，我想我的心理过程应该是按照这个顺序发展的："看，我说的吧！""我就说他不是认真的！""又骗了我一次！""以后再也不会相信他了！""他没有嘴上说的那么爱我！""别指望我对他那么好了！"

接着我继续思考自己，自从入冬后就再也没有早起做过早饭，也经常在临睡前信誓旦旦地说，第二天要早起煮番茄鸡蛋面或是烙个葱油饼什么的，结果都被寒冷或是自己的懒惰给打败了。

但我自己并不觉得需要为此自责。一方面是没有听见先生抱怨过，更重要的是，我认为我有那份心意就够了。之所以没有去做是因为天太冷了，这并不代表我不信守承诺，更不能代表我对他的感情有什么问题。不仅如此，我似乎只要说过要做早饭这句话，在我心里似乎就真的做过了，甚至好像真的吃过了一样。

一模一样的事情，只是不同的立场，得出的却是相反的结论。

我不知道我先生在我一次次早饭之约落空后，是不是心里也有埋怨，是不是就像我一样只是没说出来而已，我想应该也是有的，因为这是人性。人类就是这样思考的：即使自己的善良意图并未实现，仍会给予自己充分的肯定；但判断别人时却仅仅依据对方的行为，无视其意图。

所以，在生活中，人们很容易对事件进行自利式的解释：人们能深切地感受到自己行为的外部压力，因而对自己行为的解释容易做出外部归因；但在解释他人的行为时，常常归因于他们的内部原因，比如对方的意图。

即使有真爱，也可能会有自利偏差，而且人们可能会估计到他人的自利偏差，而看不到自己也有偏差。但我们确实在生活中发现，不同人的自利偏差程度不同。相关研究还发现，自利偏差的不同与依恋类型有关。

有个实验可能很多人都知道，就是让18个月大的婴儿与母亲分开，然后间隔一段时间，母亲再回来，在这个过程中观察婴儿的反应。有些婴儿在母亲离开后呈现不安的状态，但一会儿就安静下来自己玩了，等到母亲回来后，他们会主动走向妈妈要求亲热，这类是安全型依恋的人；有些婴儿在母亲离开和回来后都呈现出非常冷淡的状态，这类婴儿长大后会喜欢和机器待在一起，这类是回避型的人；还有的婴儿在母亲回来后呈现出狂躁的状态，拼命殴打母亲，这类是狂躁型的人；还有一类婴儿，他们在看到母亲回来后，会主动打开双手，但双脚却在步步后退，这是紊乱型的人。这些18个月的婴儿的依恋形态，往往决定了他们18岁以后的人生。

安全型依恋的人在成年后更倾向于宽容地采用改善关系的归

因，其次会呈现出内部归因的趋势，也就是自利偏差相对较低。而除此之外的不安全型依恋的人都会比较悲观地、本能地做出外部归因，自利偏差程度较高；回避型的人，对于伴侣的体贴行为根本不放在心上，致使对方很受伤；狂躁型的人和紊乱型的人比其他人更可能在一段痛苦中做出走不出来的归因。当然，这样的结果外部归因只会引起更多的纠纷和降低解决问题的效率，从而让自己产生很多的不满和失落，同时也让对方陷入不快。

如果我们在出生后的18个月里已经注定了我们对这些事会做出什么样的反应，那是不是我们一辈子都会陷入这样的困境中？

当然不是！我们来看看来到成人世界后，我们怎么让自己变好。

如果你想拥有健康美好的亲密关系，你需要做的最正确的事就是为自己的痛苦负责。当你的外部归因的愤怒出现时，先别急着发出来，充分地感受它，这样慢慢地觉察，你会发现自己在逃避什么。不管多大的痛苦，只要你有勇气去面对，这份痛苦就会被有效地减轻，并让它转变成正面的感觉。

把这个理论放到开篇的那个案例里，如果我的先生没有做早饭，我正确的反应应该是：生气愤怒（很难避免）；看见这份愤怒，感受它，如果能看见以前曾经有过的这类感受时，会更好；肯定先生的意图，即善意；在时间和环境允许的条件下自己起床做早饭给他吃。在上述一切还没有发生前，至少有一条可以做到：再也不承诺为对方做早饭了。

幸福的伴侣对伴侣的行为会做出改善关系的归因，他们对彼此的积极行为都会做出肯定其意图的内部归因，并淡化彼此的过失，认为那些都是不稳定、不重要的外因造成的，所以更应该得到谅解。如此良性循环，我想这就是我们常说的"宽容"吧。这样的归因方式，会不断地放大伴侣之间的爱，而缩小伴侣之间冷漠的方面，最终这份宽容就能使双方更愉快地相处了。

与伴侣建立深刻连接的性关系

如果你是秉持婚前贞操观的女孩或是床伴无数的女子,你可以选择跳过这篇文章。这篇文章只适合与过往男友有过性经验,但对性的态度依然谨慎认真的女性阅读。

我为什么要跟未婚的大龄女青年聊这个?因为它源自我身边的真实案例。

案例一:小七(化名)

婚前思想保守,经人介绍认识了某大龄男青年,几次接触后,小七觉得男方憨厚可靠,最让她觉得放心的是,男方与她相处了大半年,偶有拉手、亲吻等情侣间的亲密动作后,并无任何冲动再越雷池一步。有时小七也会逗他,为什么不像电视里看到的那样,该男青年极其认真地说要把最美好的留到结婚时。小七顿时觉得终身有靠。婚后过了很多年，小七依然膝下无子。

在一次很私密的聚会上，小七才向两个闺密说出他们的无性婚姻。原来男方是同性恋，结婚只是想维持一份表面婚姻。鉴于小七一贯的保守思想，她把自己最原始的渴望压抑在和谐的生活表象之下，直到她遇到了生命中的男人，她才尝到了男女之事的美妙滋味。只是如今身心不一，过着分裂、撕扯的生活。

案例二：小六（化名）

这是一位男性友人，他的案例对女性朋友应该也有点儿启发。小六在结婚前与女友相处了两年，这期间女友无数次在他家过夜，小六作为一个正常的男性都会有所要求，但都在最后时刻放弃了，因为女性的过度疼痛使他不忍为之。在双方家长的催促下，小六还是结婚了，并且满心幻想婚后会享受到真正的性生活。但是不到一年，他们便离婚了。离婚的原因表面是两人婚后发现差异太大，但实际就是因为无性生活彻底阻断了两人之间的沟通和交流，且女方的意识里根深蒂固地觉得过性生活就是自己会吃亏，从而也拒绝就医。

案例三：爱果（化名）

爱果的问题与前两者不太一样。她婚后与丈夫有两个孩子，表面看上去很幸福。可有一次，她却告诉我她有几个秘密情人，因为婚前只有丈夫一个男朋友，她觉得男女之事就是这么回事，大多时间她只是尽个义务。但35岁后，身体的野性唤醒了她，在一次与男同事一起出差酒醉后，才体会到原来性生活可以如此美妙。此后，她便一发不可收拾，频繁地利用出差的机会更换性伴侣，享受着她的丈夫永远无法带给她的性体验。可同时，她还要继续扮演着好母亲、好太太的角色，继续在其丈夫身下扮演着她多么享受他们的性生活。

人类最基础的属性是动物性，动物有权利享有的一切，不能因为我们是人类就把它标榜、冷冻并放上圣坛。我举了这几个例子不是在鼓励婚前滥交，诚然，如果有一定的样本量，你就会知道什么是适合你的、什么是好的、你自己有没有问题等，但性体验必须要在爱的能量交换的前提下才能发生。

那究竟什么是好的性生活呢？

一直以来，我们的性教育都不是从学校、父母那得到的，而是从朋友、网络、亲密关系中学习而来的。但面对朋友难言细节，网络上又充满着暴力和垃圾，似乎得到性知识最有效的途径就是从亲密关系中。也就是说，你不开始一段认真的亲密关系，你的性知识就等于零。

但这仅仅是好的性生活的起点。

就算你在生活中拥有性经验，也有40%以上的女性一生都不曾拥有过性高潮。这意味着，平均3个女性里至少有一个终其一生，不知道真正能够滋养生命的性爱究竟是种什么感受，而这些女性就在我们的身边，也许就是你我中的一个。

我们对于肉体之爱所知甚少，在公开渠道上得到的只是技术性的说明，而传统的道德教育又让我们在经历性生活时有无法言传的不安全感、恐惧感，甚至是羞耻感。这些感觉阻碍了我们进一步去探索自己的身体，让我们只敢匆忙地满足伴侣的需要，却无暇顾及也不敢问津自己的渴望究竟是什么。

在一次次的经验下，欲望被习惯压制，从而把这件本该美好的事情变成了一项工作和义务。久而久之，积压在我们体内的欲望就会用另一种方式发泄出来：它可能会让我们看起来比同龄人苍老；或是凭空生出许多无名火；也可能是我们的身体开始慢慢生病。

美好的性爱是什么？它不仅仅是能给双方带来性高潮的体验，最重要的作用是让你和你的爱侣之间进行爱的能量交换的同时，让你自己的身体和心灵达到统一。

从小受到的教育也导致了我们的身心不一致，明明想吃一颗大点儿的梨，却在父母的打骂下哭着说出"没关系，让给妹妹吃"；长大以后，我们也习惯了这个模式，我们习惯了心里想的和嘴上说的不完全一致的模式。自然而然，我们也接受了虽然享受不到性爱的美妙，但嘴上依然说"老公，你好棒"这样的话，美其名曰是不想伤害男人的自尊。

你会发现，你在和你伴侣的关系中几乎不存在真正的接近和了解，你会因为在这件事情上"撒谎"而在其他的事件上也有所隐瞒。你很少对你的爱侣吐露心事，更别提表达愿望了，你无法体会到和你的爱侣在一起的同为一体的默契感。不仅如此，身心分裂的经验，会让你一直过着身心分裂的生活，这样的模式会复制到你的人际关系、事业发展、人生选择上。而身心不统一的人，无法活出属于自己的精彩人生。

那么，怎样让自己拥有美好的性生活？

简而言之就是：真诚地面对自己。如果一个男人真正爱你，他不会因为只是满足他自己而草草了事，他会在乎你的感受和体验，他会希望你和他一起到达那个美妙的地方。而你如果能与他一起经历，对他来说才是真正的荣耀时刻。所以，请说出你的真实感受，不要隐瞒，更不要欺骗，如实地真诚地告诉他，让他来帮你一起探索你自己的身体。当然，如果那个男人不愿意，亲爱的，他是真的不爱你。

性，是爱的载体，是一条通道。它能使我们通过体验美好摆脱孤独感，能使我们在真诚"付出"的同时享受"得到"，并能与我们深爱的人建立最深的连接。

Part 7
第七章

爱真实的自己：
人生是一场臣服的游戏

女人一生都想逃避什么

一名单身女孩通过微信向我抱怨:"你知道吗?现在的工作我一点儿都不喜欢,当年都是父母选的专业,可我明明告诉他们我喜欢做设计!我这 HR 的工作也做了快十年了,还只是个招聘主管。我们公司人员流动性大,招聘压力也大,我已经很努力了,但老板对我还是横竖不满意。"

十岁孩子的妈,坐在我对面,满脸愁容:"转眼就快四十岁了,我天天努力地教育孩子,服侍老公,在公婆面前小心翼翼,工作上还得绷着弦,后面一帮年轻人盯着我这个经理的位置。可我付出了这么多,他们还是觉得我做得不好,不管是孩子、老公、公婆,还是我的老板。我越来越累,每天只有入睡前的几分钟是自己的时间。我现在真的想放弃了，我发现我再怎么努力，也无法达到他们对我的要求，我牺牲了青春，换来的全是埋怨。"

在这两位不同人生阶段的女性各自说完后，我问了他们一个同样的问题："你在逃避什么？"

我们可以用一辈子的忙碌来逃避内心不舒服的感受，我们可以用为了别人好来当作无法活出自己的理由，但我们终究无法逃避，总有那么一瞬间会意识到对人生的不满都是由于自己的怯懦造成的。

我们以为自己在对自己的人生负责——完成学业、参加工作、相夫教子、孝敬父母，我们以为这些就是我们最重要的人生组成部分，所以我们倾尽全力为之努力。但事业和生活还是经常赏给我们响亮的耳光——孩子行为不端、老公越来越闷、工作碰到天花板、婆婆的眼神里总有不满。于是我们感叹自己表错了情、投错了怀、所托非人、女也怕入错行。

我们开始指责身边的人："都是你，让我的人生过得如此不堪。"孩子的问题怪伴侣，伴侣的问题怪他父母，事业的问题怪老板。"我为你们努力了这么多年，你们一点儿也不争气，我尽心尽力在帮助你们，你们却还是老样子。"这些抱怨下的潜台词是:"你们争气了,才能对得起我的人生。"

说这些话太容易,因为我们可以轻易逃避,逃避自己为自己人生负责的要义。

活不出自己的人,只能像树懒一样,抓着近前的树枝赖在它身上,什么事都可以赖它。如果因为年幼无知选了不适合的专业,工作是不是可以换?如果工作几年后发现发挥不了自己的特长,是不是可以利用业余时间来学习自己喜欢的专业,直到有一天能将它转正?

如果我们的孩子天天看着我们口是心非地应付工作,照样学去后,你难道不承认这孩子就是你教的吗?如果先生与你的沟通越来越少,你有没有想过,自己有什么丰富有深度的话题可以吸引先生跟你一起探讨?如果做了那么多努力的同时,你的脸上天天写着"不快乐"三个字,你让父母、公婆天天看在眼里,你敢说你还是在尽孝吗?

还记得每次飞机起飞前都要播放的安全录像:在戴氧气面罩前,要请先给你自己戴好,再给你的孩子戴。照顾自己的人生,永远是自己此生最重要的责任。别把别人的人生扛在自己的肩上,更不能因为你自己肩膀上肉少,使得别人在你肩上没坐稳,你反而一味地指责他。要知道，如果你不扛着他，他反而会走得更快。我们总说人要先学会爱自己，才能有足够爱的资源给予别人。同样，我们要学会对自己负责，才有可能帮助别人过得更好。

如果父母在你成年后仍对你的事指手画脚，这是他们的问题，但你按照他们的安排去做了，那就是你的问题。更可怕的是，你这样做了没做好，便反过来一味地埋怨父母，那更是自己的问题。就像很多人，无论遇到什么事情，都一股脑儿地埋怨原生家庭一样。

同样，你也要做不指手画脚的父母。想想看你的孩子，在有些情况下，你越嘱咐，他就越要尝试去做，直到他自己经历了危险，他才会真正得到成长。所以你自己不热爱自己的工作却要求孩子热爱学习，他会吗？孩子往往比大人更有智慧，他只会聪明地模仿你的行为，却不会听你自己都不信的言语。如果你有一份让你精神百倍的事业，一个充满热情地去追求的梦想时，整个人都会丰富饱满甚至艳丽起来，只会让你的先生对你充满好奇，就像初恋般要来探究你。

你来到这个世界不是为了伴侣和孩子，你是为自己的生命体验而来。既然来了，就要活出独一无二的自己，才有可能去滋养别人。

　　承担自己的人生功课，活出自己的潜能，需要做到如下几步：

　　你先要了解自己，要了解到在以往的几十年中，使自己不快乐的信念是什么。是通过让别人快乐自己才能快乐，还是只有通过创造财富才能让自己被爱？去看看那个执着的信念，它并未让你实现梦想的原因是什么？既然坚持了这么多年都没有效果，不如转换一下思路，试试别的方法。更要了解生活中所发生的事，背后告诉了你什么道理。通过这个察觉的过程，你会发现，对自己内心的探索又深了一步。比如，你一直抱怨父母操纵你的生活，你去探索看看，是不是你为自己的懒惰胆小而寻找的借口呢？看清自己的本来面目，从你不推卸责任开始。

　　接下来是老生常谈的话题：爱自己。到底怎么爱才能叫爱？爱自己是在你准备对着给你惹麻烦的丈夫发火前，知道于事无补反而动了自己的肝火，从而向自己叫停；爱自己是在自己为家人做饭时，满足于精心研发一道菜品的成就感，而不是将一桌子怨气端上桌，又被家人的挑剔伤了心；爱自己就是凡事都以取悦自己为目的，做那些能让自己愉悦的、有价值的事，放弃那些只能取悦别人却为难自己的事。

最后，找回自己的热爱。你多多少少都知道自己的天赋是什么，你在小的时候，所表现出来的与别的孩子不一样的特质，去把它找出来。每天给自己安排一些时间，完全投入自己的所爱。记得，要慢。慢下来，把那件事精心地做出品质，体会其中的乐趣、苦恼，仅仅这个过程就已经很丰富了。结果你会发现：慢慢来，会很快，也许只需要一两年，它就能带给你超过过去十多年的回报。

等你找出自己、活出自己后，你会发现，给予是自然发生的事。由于真实、成熟和变化着的自己，你身边的人和事都随之而变，之前你为之困惑的问题也在不经意间消失，你就像一块磁铁吸引着你想要的一切，而它们则对你充满了好奇和尊重。

你的勇敢、坚定和爱，让你散发出独一无二的非凡魅力。而这时的你，浑身充满着力量，你并不用刻意做什么，就会感染到身边的每一个人。那时，你会明白，你并不需要去做什么取悦别人，而你本身把自己活出来，就能给身边的人带来最大的快乐。

打破情绪的自我捆绑

近日,我参加了一场"家庭系统排列"(简称:家排)的沙龙,在这次沙龙上,我被选为案主的代表。其中的一位案主让我经历了一次非常难得的心理体验。

她向家排导师主诉自己的亲子关系出了状况,希望导师能为她呈现儿子究竟出了什么状况。当然,她选择我作为她的代表。而当我上场为她呈现后,结果显示她和儿子的问题并不大,而她先生的代表上场后,我作为案主的代表,反而有一股燃烧的怒火从心中升起至全身。当时我浑身发烫、心跳加快,甚至下意识地握紧了拳头,我突然指着她先生的代表对着案主说:"我真的很愤怒,我想打他!"案主连连点头。说完这句话的一瞬间,我感觉到自己的身体在说:"但他没有做错什么,我只是对自己很愤怒!"当我转过头再看案主时,她的眼睛亮了起来,叫道:"对的,我就是会莫名其妙地对自己感到愤怒!"

这位案主最后呈现的结果,让我明白了她的愤怒缘何引起我深深的共鸣。家排最后的呈现是她继承了她母亲的愤怒,而那些愤怒是对发生在她身上的一些事的无力感的呈现。

对于家排的呈现结果我不做评论,只是作为案主代表,我有幸体验为何我们每个人都会对某些情绪特别敏感,甚至是上瘾。因为就在这个个案前几天,我也在自己生活中的一场愤怒中觉察到了这一点。

那天我和丈夫发生了争吵(心理从业者可不是在生活中不吵架的人),并且吵得很激烈。在我感受到经历了伤害后,一股烦躁、窝火、痛苦的情绪一下子窜到了我的心中,我相信当时我体内的肾上腺素一定飙升到了最高点。心跳加快、血压增高,整个人被愤怒吞没,并朝着我先生发出了一句怒吼:"你就是个无比自私的人!"

当然,学习心理学的好处就在于冷静下来后会客观反思,看看自己到底经历了一些什么。当我回想这个场景时,突然有一个熟悉的声音重复了我在争吵中说过的那句话,就是我的母亲。她曾在自己的生活中无数次在与父亲的争吵中说出了那句一模一样的话,而作为经历他们争吵的我,当时觉得母亲太容易小题大做、上纲上线了。拿着母亲的这面镜子反观自己,似乎刚刚发生的事也让我给丈夫贴上了这样的标签。曾经我非常反感母亲这一点,只是驾轻就熟的我还是学会了。那为什么我会学习这一点呢?

那份愤怒是如此轻易地就爆发了出来,就好像是我从她身上继承而来的一样。在我继续对自己探索后,我发现,母亲身上的其他优秀的品质我也习得了。由此我想象,她对人的热情,我有;她对丈夫的抱怨,我也有。听上去,好像是一种习惯,这份习惯是这么轻而易举甚至有点儿投机取巧。我继续探索后发现:我愿意完全继承我母亲的处事方式,这样我就可以永远是我母亲的孩子,因为我和她一样!我想天下的孩子都是爱父母的,他们爱的表现就是"我要和你一样"。

就如许多人说的:"我很讨厌自己的父母,但我长大后还是成了他(她)。"这个表达下面,其实是在向父母表达我们的忠诚。所以很多情绪就是惯性使然。因为从小我们就耳濡目染,那些情绪抬手就来,我们也相应地习得了在什么样的情境下就会有什么样的反应。而我们经历的情境与父母经历的情境又有极高的相似性，如果没有觉察，我们就会在完完全全的无意识状态下，原封不动地拷贝父母当时的反应。

之所以能这么娴熟地拷贝，是因为这样我可以不用去面对我自己的问题、承担自己的责任，因为学来的这一招用起来实在太方便了，而且往往能唬住对方！想象一下，当你在愤怒时声嘶力竭地给对方贴上不好的标签时，不就是在把所有的责任推卸到对方身上吗？那我自己还有什么责任呢？

就如开篇我所代表的那位案主，她可能会在生活中经历一些达不到自己预期的事情，又由于她的母亲经常愤怒，所以她会很容易在遇到这样的事情时勾起愤怒的情绪。当然，如果一个人从母亲那里习得的是伤心、委屈，那这些情绪就是她所擅长的。我想，要让任何一个人去打破这个惯性，应该都是很难的事。

不过，如果我们有机会认识到这些情绪都是我们从父母身上学来的防御模式，那就有机会去在经历类似情绪时打破它，然后就会更快地去看见自己的问题和责任，否则一个永远在继承父母情绪模式的人，也无非就在继续与他的父母一样的人生，而我们大多数人，并不愿意如此。

对此，我总结了一些在经历情绪时，给自己更深觉察的方法，在这里和大家分享一下。

第一，承认你的情绪。不管是伤心、委屈、愤怒，都应该承认它的存在。

第二，觉察这份情绪。试着将自己从经历这份情绪的身体里抽离出来。看着自己，分清这份情绪是我自己的，还是从我父母身上习得的。

第三，原谅自己。如果这份情绪是从父母身上继承的，那就将这些情绪还给父母，告诉自己眼前的事不值得有这么大的情绪反应。

第四，承认自己的问题。剥去这件麻痹自己的情绪外衣，去看看眼前的这件事，有我自己的什么责任，我的教训在哪里，看见了以后承认它就好。

当然，如果你正面对着一个经历情绪的人，如果你想帮助他，就试着去倾听他，不断地倾听他。也许你能帮助他看到他的这件情绪外衣下，掩盖着的自己一直在逃避的人生责任是什么。

拥有敢幸福到底的勇气

你有你的铜枝铁干,

像刀,像剑,也像戟;

我有我红硕的花朵,

像沉重的叹息,

又像英勇的火炬。

我们分担寒潮、风雷、霹雳;

我们共享雾霭、流岚、虹霓。

仿佛永远分离,

却又终身相依。

在这首著名的《致橡树》问世后的两个月,我来到了这个世界,它等待了我二十年,我才遇见它,再兜兜转转十多年,我才真正读懂它。

由于兴趣和工作的关系,我的来访者里大多是单身大龄女青年,我的很大一部分工作是倾听她们的吐槽,而往往她们一开口,我就猜中了故事的结局。这真不是我厉害,只是这场世间的游戏无非就这几种玩法,变来变去换汤不换药,而令我们痛苦的点无非就是那么几个。

细细地总结起来,我们迟迟无法得到幸福的婚姻,无非就是卡在两个阶段:相遇和磨合。换句话就是:怎么找到那个人,怎么和那个人顺利进入婚姻,又怎么能永远保持幸福。围绕着这两个阶段,产生的问题虽然千奇百怪,但终极解决方案其实就只有一个:勇气。

"我知道自己胖,但就是减不下来,应付工作还来不及,等以后有时间了我再减,等减下来我再去相亲吧。"同样的论调还有"我知道我不会打扮""我知道我圈子小"。一切的"我知道,但就是不改"被"没时间"粉饰得堂而皇之。如果真的是没时间,为什么还来找我求教怎么找男朋友呢?说穿了只是没有勇气去改变自己,害怕改变以后仍然像现在一样没有人来爱你。

"我真的不确定他是不是我的终身伴侣。你一直说,通过关系来修复自己,可我真的没有勇气去面对婚姻当中可能出现的更多的困难。"同样的论调,还有"人家说结了婚男人就不拿女人当回事了""我就这样嫁给比我物质条件差的他,那我干吗要结婚呢"。这样的论调往往有很多的支持者,一旦抛开这些论调,便是无数的"身边人的凄惨故事"出现,未婚女青年们尤其热爱这个梗。

"看看北上广的离婚率,再看看已婚闺密们在婚姻中的一地鸡毛,婚姻啊,真的没啥意思。"说这些话的女青年们当晚贴了个假睫毛,绑上一个加厚的Bra,充满期待地去相亲了,留下那些抱怨男友的恐婚女青年们不知所措。还有这么多女生找不到男人,到底要不要轻易放了我手里的这一个?你到底是在担心什么呢?说穿了,无非是想得到这个人给你带来的好,却没有勇气去接纳他给你带来的不好。每个人都想在婚姻里将自己获得的利益最大化,高调唱着"婚姻要谨慎",转过身却各自打着自己的小九九。

不只是婚姻和爱情,我们等着老板加了薪,再付出更多的努力;我们的闺密出国忘了带礼物,那以后也别想让我们记着她;

父母在我们的成长过程中制造了那么多的伤害，我们今天的这一切都是他们造成的。我们内心虚弱无比，让我们减压的最简单的方法就是举起右手，指向靠我最近的人，谴责他，控诉他："为什么你不能先给我？"

那你为什么不能先给他呢？

我们都是被言情剧祸害的，那些痴情的完美男人，从小就被我们当作理想的终身伴侣。很显然，嫁给那样的完美男人可以降低很多的婚姻风险，于是伴随现实中逐年攀高的离婚率，我们只能在一次次的失望后继续寻找。而我们的父母，年轻时大多没有看过言情剧，恋爱只是简单到匆匆相了个亲，便义无反顾地扎进了鲜花与荆棘并存的风雨同舟中去。

在我上初中的时候问过我的母亲，为什么当年面对家里这么清苦的日子和生活上那么重大的变化和打击，依然可以选择留在这段婚姻里，照顾老公，带大一双儿女，究竟哪里来的勇气？母亲不假思索却无比淡然地说："那还能怎么样？总不至于离婚吧！"

现在想想，这样的孤注一掷，却是我们这代人身上最欠缺的勇气。我们习惯于给自己找很多的后路。婚前百般挑剔，对对方各种综合评估，一定要让自己婚姻的风险系数降到最低；婚后各种无法忍受，暗礁互撞，让我们时不时掉转船头，想要逃离当初这个瞎了眼上错的船。我们不敢去做英勇的水手，更没有勇气去面对寒潮、风雷、霹雳。

我们没有勇气去承担自己瘦身后仍然等不到暗恋男神的芳心；我们没有勇气进入一个完全陌生的圈子，只是害怕被更多的数字证明自己不值得被爱；我们没有勇气去面对恋爱磨合中那些惨不忍睹的本来面目；我们没有勇气面对婚姻理想幻灭后，又要面临生活带给我们的失望和无奈。无论有没有真实发生，我们被惊得小心翼翼，草木皆兵。

你可能会说，站着说话不腰疼，我们这样小心是因为曾经伤得太痛，是悲催的现实教会我们要保护好自己。你说得对。如果生活给了你一鞭子，你一直痛恨那条鞭子，却不敢去想为什么挨鞭子的人是你，你将永远得不到长进。你也可以继续留守在原地，的确不需要再去承担可能失败的风险，只是停留在旧的方法和环境里，但你只能拥抱旧的结果。

所有力量的匮乏，都来自你没有勇气面对自己。那些与你有一面之缘的男人对你的挑剔，那些亲密关系中撕掉面具后丑陋的自己，那些数着手里的人民币担忧什么时候能买楼的怨气，就像一部X光机器，让我们对自己的不满无处遁形。那些我们精心隐藏了几十年的创伤，我们不敢承认独自面对生活的无能为力，就这样被赤裸裸地反映出来，不留情面地拍了张照片，还被硬生生塞到了我们手里。

观察我身边的幸福婚姻，都有着相同的特质：女人的态度决定了她们婚姻的质量，无一例外。而他们的男人最看中的就是在自己犹豫和脆弱时，女人小小的身躯下蕴藏着的巨大能量，那份勇气让他们坚定并深信这枝红硕的花朵值得终身相依。

请拿着你的这张X光片，去面对它的存在。

把目光移到自己的双手上。

幸福不是别人给予，只来自我们自己的勇气。

高自尊是爱自己的开始

"不爱自己"的故事天天在上演。

A姑娘，控诉自己曾借给一位朋友几万块钱，借的时候就有些犹豫，事后该朋友的消失更印证了她当初犹豫的正确性。如今捶胸顿足、追悔莫及。

B姑娘，对自己喜欢的男人一再忍让，对方乱发脾气，自己明明满腔气愤仍是次次主动哄男人，满肚子委屈致使满脸生痘，身材走样，男人也离开了她。

C姑娘，一直对金钱怀着深深的恐惧感。深谈后才得知，在外地的父母把她当作摇钱树。她曾试过拒绝，只是担不起自己内心的深深自责，从而继续被父母以孝顺之名操控。

D小伙，迟迟不愿意跟非常相爱的女友结婚，内心深处总有深深的不安全感，觉得自己必须要拥有多少年薪和资产，才能让女友以后不会离开他。还没有等到这一天，看不到希望的女友主动离开了他。

这样的故事，举不胜举。当看着这些故事的时候，我们都觉得他们怎么这么傻，但很可能在我们的生命中，类似的体验也一再发生。那些时刻都有一个共同特点，就是"明明我内心不愿意，但我还是去做了应该去做的事"。

内心和大脑在打架，可为什么我们要违背自己的内心，去听从大脑的安排呢？

当我们还是婴儿时，我们纯洁无染地来到这个世界，我们的成长严重地依赖我们的父母和他人，我们需要被他们重视。而出生后的头三年里，我们被重视的程度就严重地影响了我们一生的自尊水平。我们需要父母对我们无条件地积极关心，很遗憾的是，由于教育的缺乏，中国人在为人父母时大多是"无证上岗"。我们从他们身上所得到的爱大多都是有条件的积极关心。

也就是说，父母不会因为我们是谁而认可和接受我们，而仅仅是因为我们做了什么，以及做得有多好才接纳和认可我们。在长期的条件交换下，在有条件地积极关心下的孩子发展出了低自尊的水平，以至于内化到人格里，在成年后经常去否定自己，顺从别人。

说起低自尊，很多人认为这样的人一定具有明显的消极行为特征，时常感到悲伤、害怕，极少主动说出自己的主张。其实不然，有许多职场上相当强势的人，他们会表现出冲动、好评判、傲慢和完美主义，但这都是表面现象，他们的内心深处有着他们没有认识到的低自尊，而与这样的低自尊相遇的方法也体现在亲密关系里。所以我们经常会看见，职场上阳光灿烂的人，在亲密关系里的表现往往判若两人。

所以，低自尊具有相当的伪装性。与它的伪装具有相似危害的是：我们不敢面对我们所需要面对的事情。当我们要面对会让我们心里不适的情况时，我们采取了逃避的方法，这时我们的自尊就会降低。比如：明明夫妻关系已经出现问题，但我们会把更多的重心转移到事业上，以逃避自己正视问题的时机；相类似的还有通过购物、酗酒来麻痹自己等。逃避不仅会降低原有的自尊水平，还会更加拉低原本就低自尊人的自尊水平，产生恶性循环。

既然不爱自己是由低自尊造成的，那么爱自己就是一个建立自尊或是提升自尊的过程。所以，真正做到爱自己，以下步骤是相对科学有效的：

第一步，承认它的存在。通俗地说，就是要接纳自己。当你对这个现象没有觉察力，或者意识到这个问题的存在但仍然逃避时，就只会简单地重复自己不幸的命运。自我接纳意味着认清并接受你自己的真实情况，不再因为达不到自己或者他人的不可能的标准而批评自己。

每一个人都有强项和弱项，接纳自己和否定自己的人之间的区别，不在于他们所拥有的弱项的数量，而是他们看待自己的方式。你对你自己的弱项的感觉才会真正地影响到你的自尊。有些人在从小的生长环境里，一直被评判不够好，即使他长大后已经足够好了，他仍然在不断地进行自我批评。

正视自己的强项和弱项，对于低自尊的人来说，在于不夸大它，接受它。当你客观地评价自己，不是"长得丑"，而只是"眼睛比我期待的小了些"。你就会有意识地开始接纳自己了。

第二步，学会说"不"。如果你收到了某些要求，这些要求通常来自你的亲人或朋友等相对较为亲密或熟知的关系，同时这些要求超过了你自己的承受范围，也就是如果你为了对方，响应了他的要求而自己感觉不舒服时，那我建议你第一时间拒绝对方。我知道，大多数人会卡在愧疚感上，但这正是我们要正视的部分。只有低自尊的人才会在此时产生愧疚感。我经常说，如果对方因为你的拒绝而来指责你时，无论他是谁，你就告诉他：给我滚蛋！然后就不用再理他了。

合理地设置边界，是我们都需要学习的课程。

当然，即使没有人给我们提过分的要求，我们每天还是会接收到很多外在的评价，甚至是破坏性的批评。

有些批评是来帮助我们的，通常是真诚的，也是有建设性的。而有些批评会严重地削弱我们的自尊，这样的批评往往很笼统，并不集中于某个具体行为。就像小时候我们经常听父母说的一样，当你只是砸碎了一只碗，妈妈会说："你怎么那么笨？"这就是破坏性批评。当然，如果你对待破坏性批评的方式是以暴制暴，你也回嘴："你才笨呢！"那后果可想而知。如果你转身离去，那又回到了逃避模式，对方在下一次依然会如此对你。最好的方法就是直面事实，然后纠正自己的错误。你可以这样回应："我的确摔碎了一只碗，不过我不认为这就代表我很笨。"

很多时候，别人如何对你，是需要你去教的。

第三步，培养积极思考的习惯。遇到问题时，采取消极思考的方式，是一个人极其自然的反应，因为抱怨他人会让你舒服很多。

积极思考意味着关注那些有益于你自己、其他人和你周围的事物。当你为自己积极思考时，你就有信心朝着自己的目标而努力；当你为别人积极思考时，你就有信心信任他人，并追问你需要和想要什么。

对此，你可以从以下几点入手：

第一，寻找生活中的美好面，使用积极的词汇记录下来。你可以通过写日记的方式记录下每天你看见的三件好事。记得使用正向的语言代替消极的词汇，把"不能""不会""可怕"都去掉。你每天使用的词语都影响着你的思维和情绪，你使用越多的积极词汇，就会给自己越多的积极暗示，反之亦然。

第二，与积极的人在一起。注意寻找那些乐于分享想法、帮助他人和采取建设性行动的积极人士，和他们交往。减少甚至杜绝与那些浪费时间在抱怨、闲聊、批评和指责他人的人交往。

第三，限制自己的抱怨。谁都会抱怨，明明难受硬憋着不抱怨肯定不利于身心健康。只是你把抱怨作为习惯时，很容易就变成责备，久而久之就会永远将问题推卸给别人。而且，说别人坏话时，自己的感觉也好不到哪儿去。

第四步，克服自暴自弃。当消极情绪蔓延到无法自拔时，自暴自弃就会发生。有一个女孩微信求助我——她不愿意去见人，不愿意运动，哪怕她已经知道只要换身衣服下个楼开始跑两步，也许整个人的状态就会有所改变，但她依然迈不开这一步。除了求助专业人士外，我建议她可以自己开展积极的自我对话。引导自己找出3～4个开始跑步的方法，并在完成一次后给予自己适当的奖励，或者邀请朋友一起跑步。接下来，可以适当地扩展兴趣，比如根据自己的兴趣点找到相应的组织和社团，在组织中学习积极的倾听，从而让自己更受别人欢迎。当正向的圈子越来越大，自然也就退出了原来消极的圈子。

爱自己是个永恒的话题，当我们说爱自己时，就是照顾好自己，照顾好自己的这颗心。我们从小学会了对外人好，却没有能力对自己好，于是我们就得不到自己好的结果。爱自己是爱其他一切的基础。

爱真实的自己，真实地爱自己。

后记

愿你拥有爱的能力

我知道你会买这本书,我知道你会打开它,因为我也曾经和你一样,在恋爱关系中有过茫然、无力,甚至痛苦和绝望。相信我,恋爱中的任何一个死角我几乎都经历过,而从事婚恋咨询后,我更是从无数的案例中看到过曾经的自己。这也就是为什么会有这本书的诞生,我想要告诉亲爱的你:我们之所以遇不到对的人,是因为我们根本没有看清自己。

我用了将近20年的时间,在恋爱关系中不断地体会甜蜜和痛苦,分手和被分手。刚开始恋爱时,就如无数女孩的初恋一样,从自以为对对方好的角度来给恋爱对象无条件的好就能幸福,即便这样,仍然迎来了一次次的心碎。但是"心碎"的经历让我了解到男性思维和女性思维的本质差异,在了解男人这个不同的物种后，我学会了运用换位思考。但即便自己变得非常善解人意、看懂男人的心思后，在之后的恋爱关系中仍然得不到自己想要的爱情。于是，我告诉自己：靠自己才是硬道理。我开始进一步提升自己，也因为如此，身边开始围绕着许多优秀的男生。

在10年前相对单纯的网络环境下，我开始了漫长的相亲之路。然后在几年时间里，陆陆续续见过200多名男性，可没有一个能让我满意。当有一天我突然发觉，自己已经开始用俗不可耐的物质标准去衡量潜在对象时，我果断停止了相亲。

在我人生的第35个年头时，身边可跟我一起分享单身时光的人已然越来越少，当朋友们都结伴或推着童车出游时，我仍然是孤身一人。而当阖家团圆的夜晚来临时，孤独感对我的杀伤力比我想象的还要可怕，即使我在人群中仍然热闹。人就是如此，绝望时总会抓住救命稻草，或者说，只有绝望到谷底时，才能静下心来去找真正的解决方案。此时，我与心理学相遇了。

当我以一个对自己好奇的心态开始研究自己后，层层迷雾似乎就这样被拨开了。原来曾经在我生命中出现的那些人，发生的那些事，都是生活给我看清自己的机会。只是老天会安排它们以各种形式呈现：痛苦、心碎、争吵、怀疑、背叛、忽略、麻痹、逃避……种种让人难过的感受，都是机会让我与自己相遇，都是让我去更深层地发现自己。只是在经历这些感受时，曾经的我太执着于去"享受"这些感受，从而一味地指责对方和抱怨命运，从而错过了一次次看清自己的机会。通过我的经历，我想告诉大家：绝望和幸福其实就是一步之遥，因为我从看清自己到遇到我先生也就只有短短半年时间。

下面，我通过一个例子来解释一下我在说什么。比如，在一个姑娘的恋爱关系中，她很容易"主动"制造各种机会去体验"被抛弃"的感受。具体的表现就是她会主动找架吵从而逼着恋爱对象离开她。当然，这一切都是在无意识的状态下进行的，她可能会找各种借口，比如对方不能及时回复信息，然后就给对方贴上"不够爱她"的标签，接着制造矛盾。即使合好后，也仍会不断地"寻找"机会再去争吵，直到对方精疲力竭后跟她提分手。从心理学的角度分析，之前种种借口和争吵，其实都是为了这一刻——体验"被抛弃"的这一刻。

为什么会这样呢？因为这个姑娘的幼年记忆里就有相类似的体验。也许她是从小被父母寄放在亲戚家，或者有过一段与母亲分离的心碎时刻。即使在她成年后已经完全遗忘了这段经历，但由于潜意识有主动疗愈童年创伤的需求存在，所以这个需求就会时不时跳出来，迫使她再次寻找那种熟悉的感受。潜意识这样做的唯一目的就是为了熟悉的创伤再现，因为那段创伤，是她最爱的人曾经带给她的，她也需要去体验相似的创伤才能感受到安全。

可见，原生家庭给我们带来的问题是我们亲密关系产生障碍的一个主要原因，我们总是会不自觉地把父母带给我们的痛苦感受，投射在最亲近的另一半身上。而当我们看不清这一点时，只会活在对方"不够爱我"的痛苦里，却不能看清这一切的痛苦都是自己潜意识的需要而已。

当然，看到问题的原因，并不是让你去抱怨父母。相反，如果你仍活在对父母的怨恨里，你的亲密关系反而障碍重重。成长是需要去看见原因的，但真正的成长是从接纳开始。而且，造成你亲密关系障碍的也并不是只有童年经历、社会期待以及恋爱经历，甚至穿衣打扮、沟通技巧等都会给你带来很多障碍。但不管是什么，如果你能通过现象看透本质，这些障碍其实都是你学习的机会。从这一点来说，无论你是单身，还是在婚姻状态，相信这本书中的相关章节都会对你有所启发。

我还要分享给你的是，当你与一个伴侣的感情稳定的时间越长,你就会一次比一次更深地遇见自己。这也就是我在婚后的成长速度,比婚前几次恋爱带给我的成长速度都快得多的原因。从这个角度来说,更换伴侣并没有办法解决根本性的问题,而从恋爱经历中去看见这个人,明了我的问题和给我带来的成长,才更有意义。在经过不断地自省和自我提升后,你会发现,对方也会与你一起成长。你曾经看见的种种不如意会渐渐消失或者变得不那么重要了,因为当你只对自己有要求时,其实也在激励对方变好,而问题的消失也就成为你自己变好后的副产品。

  我们从小到大学习了许多的知识,虽然转化为生产力的很少,但让我觉得可惜的是,没有任何一个人教会我们"爱的能力",我们的父母不会,社会不教。关于爱的一切,是需要我们在生活的摸爬滚打中悟出来的。希望有一天,我们的教育可以将"爱的教育"变成一种全民式的普及教育,能有更多的人有能力主动创造幸福,并在爱中找回自己。